弘深·科学技术文库

国家重点研发计划项目（2021YFB3901403）、重庆市重点攻关项目（cstc2019jscx-tjsbX0015、cstc 2020jscx-gksbX0016）、重庆市规划和自然资源局重大科技专项（渝国土房管〔2018〕121号）资助

三峡库区高陡岩质岸坡监测预警与风险管控

Monitoring, Early Warning and Risk Management of High Steep Bank Slopes in the Three Gorges Reservoir Area

徐 洪 陈立川 康燕飞 梁 丹 任世聪 著

重庆大学出版社

内容提要

本书针对水库高陡岩质岸坡的自然环境条件及变形破坏特征,系统化地开展了多手段融合下的监测预警及风险管控技术体系探索,主要内容包括空-天-地协同的峡谷岸坡监测技术、多源数据融合下的岸坡动态危险性评价、空-天-地结合的岸坡灾害风险管控机制及管控平台等。

本书适合作为峡谷岸坡区域地质灾害监测预警与防治的管理、技术人员和科研人员的参考用书。

图书在版编目(CIP)数据

三峡库区高陡岩质岸坡监测预警与风险管控/徐洪
等著. -- 重庆:重庆大学出版社,2022.9
ISBN 978-7-5689-3394-0

Ⅰ.①三… Ⅱ.①徐… Ⅲ.①三峡—岩质滑坡—变形
观测—预警系统 ②三峡—岩质滑坡—风险管理 Ⅳ.①P642.22

中国版本图书馆 CIP 数据核字(2022)第 128389 号

三峡库区高陡岩质岸坡监测预警与风险管控
SANXIA KUQU GAODOU YANZHI ANPO JIANCE YUJING YU FENGXIAN GUANKONG

徐 洪 陈立川 康燕飞 梁 丹 任世聪 著
策划编辑:杨粮菊
责任编辑:姜 凤 版式设计:杨粮菊
责任校对:王 倩 责任印制:张 策

*

重庆大学出版社出版发行
出版人:饶帮华
社址:重庆市沙坪坝区大学城西路 21 号
邮编:401331
电话:(023)88617190 88617185(中小学)
传真:(023)88617186 88617166
网址:http://www.cqup.com.cn
邮箱:fxk@cqup.com.cn(营销中心)
全国新华书店经销
重庆升光电力印务有限公司印刷

*

开本:720mm×1020mm 1/16 印张:14 字数:231 千
2022 年 9 月第 1 版 2022 年 9 月第 1 次印刷
印数:1—1 000
ISBN 978-7-5689-3394-0 定价:98.00 元

编委会成员（按姓氏笔画排序）

前　言

　　三峡库区地质环境条件复杂,峡谷地带大量高陡岩质岸坡地形险要,地质灾害调查评价开展困难,防范难度大,成灾后影响大。本书以三峡库区巫峡段典型高陡岩质岸坡区域为主要研究对象,针对库区高陡岩质岸坡隐患识别困难、灾害突发性强、传统监测面窄、预警难度大、灾害风险管控不成体系等灾害防控难题,在现有地面调查及自动化监测预警技术的基础上,综合运用无人机倾斜摄影、星载 InSAR 监测、远距离地基雷达扫描、微地震面域监测等最新的理论和技术方法,构建了三峡库区高陡危岩监测预警及风险管控的技术体系,实现了高陡岩质岸坡区灾害点信息快速获取、灾害危险性动态预测、灾害风险实时分析与及时预警功能,丰富了地质灾害的监测理论及方法。相关研究成果显著提升了三峡库区高陡岩质岸坡的管理水平及灾害应对能力。本书中,作者将系统梳理与总结近几年在三峡库区高陡岩质岸坡监测预警及风险管控领域的研究成果,形成于文,供相关领域研究人员参考和探讨,以期为三峡库区地质灾害防治贡献绵薄之力。

　　全书共 7 章:第 1 章为绪论,主要介绍研究背景及意义、国内外研究现状、研究内容及章节安排;第 2 章主要介绍研究区的自然地理条件、地质背景以及地质灾害等基本情况;第 3 章主要介绍峡谷岸坡区域空-天-地多手段协同监测技术体系的构建及应用;第 4 章主要介绍多源数据融合下的岸坡动态危险性评价方法及应用;第 5 章主要介绍空-天-地结合的航道风险管控体系构建及应用;第 6 章主要介绍研究区地上地下三维一体化模型及可视化风险管控平台的构建与应用;第 7 章为结论。

　　本书涉及的研究工作得到了国家重点研发计划项目(2021YFB3901403)、重庆市重点攻关项目(cstc2019jscx-tjsbX0015、cstc2020jscx-gksbX0016)、重庆市规划和自然资源局重大科技专项(渝国土房管〔2018〕121 号)资助,在研究过程中,得到了

重庆市地勘局 208 水文地质工程地质队、重庆市地勘局 107 地质队的大力支持。此外,对写作过程中参考的国内外文献一并表示感谢。

由于三峡库区高陡岸坡地质灾害的成灾机理、监测预警、风险管控等方面的研究内容非常复杂,限于作者的学识和水平,书中难免存在疏漏之处,敬请各位读者批评指正!

编　者

2022 年 1 月

目　录

第1章 绪 论

1.1 研究背景及意义

1.1.1 研究背景

三峡库区是重庆市乃至全国地质灾害防治的重点区域,同时也是世界地质灾害防治的窗口,区内地质环境条件复杂,受地层岩性、地质构造、地形地貌、水文地质及人类工程活动等诸多因素的影响,使得该区地质灾害极为发育。三峡水库蓄水以来,区域水文、地质环境发生重大改变,地质灾害事件时有发生,尤其在库区巫峡一带,地质灾害相当密集、发生频率高。据统计,仅2006年以来,巫峡库岸段就发生了地质灾害10余起,如2008年的龚家坊崩塌,形成十几米高的涌浪,波及上游5 km的巫山港。2015年,巫峡入口附近的大宁河红岩子滑坡形成涌浪,造成21艘小型船只翻沉,1人死亡,对区域社会经济发展及长江航道安全造成严重影响。

三峡库区巫峡一带,是典型的峡谷地貌,构造发育强烈、岩性变化频繁、地形起伏明显、相对高差大、灾害发育集中,先后发育有龚家坊滑坡、红岩子滑坡、干井子滑坡以及望霞危岩、箭穿洞危岩、笔架山危岩等一批大型或特大型地质灾害,是库区地质灾害防控的重点关注区域。本区域岸坡多以岩质岸坡为主,岸坡失稳破坏前兆信息微弱,灾害突发性强,加之受地形地貌条件限制,常规监测手段在该区域的应用受到很大限制,从而使得灾害防控面临诸多难题。因此,迫切需要开展一些新兴监测预警方法及风险管控技术的相关探索,解决当前峡谷岸坡灾害防控的相关技术难题。

1.1.2　研究意义

与传统地质灾害不同,水库岸坡地质灾害一旦发生,不可避免地会引起涌浪等次生灾害,其影响范围和程度远大于灾害本身。巫峡作为长江黄金水道,初步调查统计,长江航道通过该库段的船只每6分钟1艘,每日通过量超百艘,以大型货船、游船、快艇、渔船为主,如此密集的通行量,岸坡稳定性更显得其举足轻重。因此,在该区域开展岸坡灾害防控技术的研究和探索,一方面能为长江航道的高效运营提供必要的地质安全保障;另一方面也能为库区类似区域的地质灾害防控提供有益的借鉴和参考。

监测预警与风险管理是当前地质灾害防控的重要环节,而峡谷区高陡岩质岸坡灾害具有灾前隐蔽性强、灾后影响巨大的特点,加之地形条件复杂,坡陡谷深,传统调查手段及监测手段都很难得到有效实施。因此,对高陡岩质岸坡灾害开展监测预警及风险管控具有较大挑战。关于如何提升水库岸坡灾害监测预警效能、减少岸坡灾害风险的技术和策略,虽有大量的文献,但仍缺乏针对峡谷岸坡区域尤其是复杂的高陡岩质岸坡区域地质灾害监测预警及风险管控系统化的研究和探索。因此,依托三峡库区典型高陡岩质岸坡区域,开展系统化的岸坡灾害隐患有效识别及监测,利用空-天-地一体化的技术手段,将区域监测与原位监测相结合,全面掌控岸坡的风险状态,实现科学高效的岸坡风险管控,对保护本区域人民群众生命财产安全,保障航道运营安全都具有重要的现实意义。

1.2 国内外研究现状

1.2.1 库岸地质灾害风险研究现状

风险概念最早源于经济领域,1895 年美国学者 Haynes[1] 首次明确提出了风险的概念。自 20 世纪 70 年代起,风险开始逐步被引入地质灾害评价领域,并在 20世纪 80—90 年代取得了长足发展,研究成果涉及风险评价方法[2,3]、风险评价系统[4,5] 和风险管理[6,7]3 个方面。进入 21 世纪以来,各种新技术与新方法和风险理论的结合已成为地质灾害风险研究的热点之一。

水库岸坡作为地质灾害防治体系的重要组成部分,历来是灾害防治工作关注的方向之一。早在 1935 年,苏联学者 Savarenski 就提出了水库塌岸的概念,而 20世纪 60 年代发生的法国 Malpasset 拱坝溃决[8] 和意大利 Vajont 水库滑坡[9] 两起典型事件将水库岸坡地质灾害的关注点推向高潮,相关的研究成果逐步增加。1960年,Karl[10] 在其所著的《Mechanism of Landslides》一书中对水库水位下降过程中的岸坡渗透变形特征进行了分析,阐明了水位下降对滑坡稳定性的影响。Stanley等[11] 对路易斯安那州的密西西比河库岸破坏类型和机理进行了研究,进一步明确了塌岸的影响因素。Fujita[12] 对水库滑坡的影响因素进行了研究,认为岩土软化、地下水变动、水位升降过程中形成的动水压力等造成的变形破坏是库岸滑坡发生的主要原因。James 等[13] 通过对水库水位下降时坡体中孔隙水压力的研究,提出了固定滑面岸坡稳定性的计算方法。近 20 年来,随着三峡水库的兴建及运营,国内学者在这方面也开展了大量的研究,取得了显著成果。陈洪凯和唐红梅[14] 以三峡库区艾坪山滑坡为研究对象,阐述了库区大型滑坡的发生机理。祁生文等[15] 对三峡库区奉节段的岸坡变形破坏形式进行了较为系统的总结。刘新荣等[16] 探讨了水-岩作用对岩质岸坡稳定性的影响。柴波等[17] 研究了三峡库区红层砂岩库岸滑坡的水岩作用过程。梁学战[18] 研究了水位循环升降作用下土质岸坡的性能退化、水岩作用机理以及地表裂缝演化过程。

前期对水库岸坡灾害的研究主要集中在塌岸预测、成灾机制等方面,其关注点在于灾害本身,随着灾害风险理念的不断深入,岸坡风险评价方面的研究逐渐升温,尤其是国内学者在该方面开展了大量的探索,并将三峡库区作为一个重点研究区域。20 世纪 90 年代,我国学者就对三峡库区库岸稳定性进行了系统研究,完成了库区岸坡稳定性分区制图。2010 年,殷坤龙[19]出版了《滑坡灾害风险分析》一书,结合三峡库区滑坡实例初步构建了较为完整的库岸滑坡风险分析体系。刘磊[20]在风险公式的基础上,结合水库岸坡的特点,尝试在危险性、承灾体易损性以及承灾体价值基础上对岸坡风险进行评估。赵瑞欣[21]以凉水井滑坡为例,利用流固耦合数值模拟方法,研究了三峡工程堆积层滑坡可接受风险与水位变动速率的大致关系,提出了不同风险等级下的水位下降速率取值范围,为水库调度提供了科学依据。以上研究主要从灾害本身的影响角度出发进行风险研究,事实上,水库岸坡破坏后所形成的次生灾害通常较灾害本身所造成的影响和损失更为严重。因此,对水库岸坡次生灾害风险的研究也成为近年来水库岸坡灾害研究的一个新热点。殷坤龙教授于 2016 年在第十二届国际滑坡会议上首次提出了考虑滑坡次生灾害的风险计算,并阐述了在考虑滑坡灾害次生风险的情况下,如何进行监测数据分析、早期预警和应急防护,获得了国内外专家的高度认可。对于水库岸坡而言,成灾后最常见和最直接的次生灾害便是涌浪和堵江,在这两个方面国内学者相继开展了一些探索性的研究。周雪铖等[22]利用遥感影像、DEM 等数据,通过计算滑坡碎屑流和岩体势能之间的关系,进而开展滑坡堵江风险评估。李平等[23]从概率分析的角度出发,探讨了天然洪水与滑坡堵江溃决洪水组合下的水库溃坝风险评估。董骁[24]考虑了库岸崩滑体的灾害链效应,对堵江-堰塞坝溃决过程风险进行了初步研究。在涌浪方面,Gozali 和 Hunt[25]认为,滑坡涌浪预测需要先确定 3 个方面的信息,包括滑坡本身的位置及运动过程、涌浪形成及演化过程、涌浪爬高的估算。林孝松等[26]从船舶航行安全角度出发,开发了一套涌浪评估系统,可对水库滑坡涌浪灾害下船舶航行安全进行评估。黄波林等[27,28]采用数值模拟、模型试验等手段,先后对巫峡的龚家坊滑坡、龚家坊 4 号滑坡、板壁岩崩塌等典型灾害涌浪情况进行了分析研究,初步构建了较为系统化的水库滑坡涌浪风险评估技术框架。2019 年,由三峡大学和中国地质环境监测院作为主编单位完成了《滑坡涌浪危险性评估规范》团体标准,标志着水库滑坡涌浪次生灾害评估研究成果进入实质化应用阶段。

从岸坡地质灾害研究的发展历程来看,大致经历了两个转变,首先是实现了由注重灾害本身向重视灾害风险的转变,其次是经历了灾害本身风险向灾害链风险的转变。但从前面的综述也可以看出,目前,水库岸坡灾害风险研究重点在如何评价风险,而对风险如何管控相关的研究则相对较少。

1.2.2　库岸地质灾害监测预警研究现状

库岸地质灾害一直是岩土与工程地质界长期研究的课题。为了减少和防治库岸地质灾害,对岸坡信息的监测是一项必不可少的工作,其为滑坡、崩塌等地质灾害机理的正确认识以及预警预报、采取科学的防治工程等提供了可靠的数据和信息。

早期的岸坡监测技术主要采用专业人员现场巡查与地表变形监测设备(如位移计、卷尺、水准仪、全站仪等)相结合的方法,在我国由于岸区范围广、山高坡陡、居民分散等特点,灾害预警是在政府领导下以群测群防为基础构建的预警体系。

随着自动化测量技术的发展,全站仪从最初实现角度和距离测量的电子化定位向智能化进一步发展,出现了以 TCA/TM 为代表的具有高精度、高效率的自动跟踪型全站仪,可以实现测量的自动化和智能化,所以被称为"测量机器人"。Barla 等[29]使用测量机器人和 GB-InSAR 对意大利的 Beauregard 滑坡进行了监测,分析了坡顶和坡脚的监测数据并确认了斜坡的运动情况。Mihai 和 Dan[30]使用全站仪测量机器人对 Siriu 水库右侧的 Groapa Vântului 滑坡进行了监测分析,为该滑坡的危险评估提供了依据。测量机器人在我国的岸坡监测中也得到了充分利用。Lu 等[31]提出了基于测量机器人的变形监测系统的主要框架,并设计了相应的软件应用于三峡库区白水河滑坡变形监测。Yao 等[32]以富春江大坝左山坡滑坡变形监测为背景,开发了基于 TCA2003 测绘机器人的滑坡变形自动监测系统,实现了自动测量、自动生成现场数据报表、水文曲线绘图和变形分析等功能。

伴随着计算机、物联网技术的普及,以 GNSS、位移计、雨量计、声光报警等传感器为基础构建的岸坡自动化监测系统应运而生。Jotisankasa 等[33]开发了包含雨量计、孔隙水压力计、倾斜仪等监测仪器在内的无线滑坡监测系统,该系统已在泰国 Thadan 大坝滑坡进行了安装。张顺斌等[34]开发了基于无线网、因特网的无线远程数据传输系统,实现了三峡库区云阳某滑坡的数据实时采集。赵信文等[35]使用局域网将各种监测传感器连接并通过 GPRS 模块把监测数据实时发送至服务器,实现了滑坡监测数据互联网共享和预警功能。Tao 等[36]开发了一款能实时获取边坡监测数据和曲线的 App,并将该 App 应用于三峡库区巴东县周家湾滑坡监测。

岸坡是一个由渗流场、应力场、温度场、变形场等构成的复杂多场系统,传统的岸坡多场监测设备与方法还存在诸多不足,难以达到岸坡多场信息获取、分析与评价的要求。国内外研究学者为了得到更加全面的岸坡监测数据,采用分布式光纤感测技术来解决传统监测传感器所存在的问题。孙义杰[37]结合三峡库区马家沟边坡,系统地开展了库岸边坡多场监测技术的研究,建立了岸坡分布式光纤感测系统,结合数值模拟得到该边坡的定量变化规律。Hoepffner 等[38]将分布式光纤应用于德国 Aggenalm 滑坡的监测中。Han 等[39]依托三峡库区千将坪滑坡提出了剪切滞后模型以消除由光纤位移传感器应变传递引起的监测误差。

各种监测设备只能获取斜坡单点或局部区域的变形情况,而合成孔径雷达干涉(InSAR)监测技术能从区域面场景对坡体进行整体监测。Helmut 等[40]利用 In-SAR 技术对奥地利阿尔卑斯山脉上的某个水库岸坡进行监测。Helmut 等[41]使用 InSAR 技术对 Gepatsch 水库边坡进行监测,计算出坡体的变形速率与每年的降雨强度密切相关。Ye 等[42]利用 PS 与 D-InSAR 技术结合对三峡库区著名的新滩滑坡进行了研究。中国地震局地震研究所与美国阿拉斯加大学地球物理研究所合作[43],采用合成孔径雷达干涉测试及其差分技术对三峡库区的地面运动包括大型滑坡及地震形变等进行了研究。

机载激光雷达是一种安装在飞机上的机载激光主动探测系统,是近年来出现的一种新型形变监测设备,该技术凭借远距离、无接触、快速获取地面物体的三维坐标及影像信息,成为 InSAR 监测技术的重要补充与完善手段。Martin 等[44]为了获取 Verbois 水库水位下降时 Peney 滑坡的位移变量,采用机载激光雷达克服了坡体植被覆盖的问题并成功提取到滑坡的位移变量。Arbanas 等[45]使用机载激光雷达监测数据对 Valići 大坝滑坡区域地形建模,对滑坡进一步发展的可能性进行了分析。国内研究人员同样将机载激光雷达用于库岸边坡的监测,Ye 等[46]使用激光雷达采集了三峡库区秭归至巴东的岸坡数据,在此基础上创建信息模型并成功划分出稳定区域和非稳定区域。刘圣伟等[47]对长江三峡库区的滑坡灾害点进行了调查并采用机载激光雷达技术对灾害点进行动态监测。

目前的监测手段多以捕捉坡体表面位移变化为主,如全站仪、GNSS、光纤位移传感器等,上述监测手段从本质上说都是对宏观现象的监测。事实上,当坡体外观产生可被监测到的宏观变形时,坡体内部岩体已经形成了大量微观破裂,外观位移的产生滞后其内部破裂,从而导致坡表位移监测预测预报的"提前量"不足。大量研究表明,岩体在破坏之前,其内部微观破裂的发展会产生大量的微震现象,而微震活动先于表面位移的发生。因此,国内学者在水电工程边坡中开展了大量微震监测相关的研究。徐奴文等[48-50]首次将微震技术应用到水电工程边坡的稳定性监测中,并将微震监测与边坡三维数值分析相结合,建立了微震信号与边坡稳定性的关联关系。毛浩宇等[51]依托白鹤滩水电站左岸岩石边坡工程,引入多重分形去趋势波动分析法(MF-DFA)估算微震波形多重分形谱,以岩石破裂微震波形多重分形时变响应特征为基础,揭示岩石边坡变形预警信号。Li 等[52]在中国西南部的五洞德水电站布设了微地震监测系统,研究了该区域层状岩体地下硐室中从岩石的破裂、微裂缝的产生、扩大到岩体的滑落等时空演化过程,丰富了层状岩体的监测理论。Gao 等[53]对白云东矿边坡开展了长期的微地震监测,采用矩张量反演方法和格林函数,反映了岩石破裂事件与传感器之间的响应特征,判别了岩体的破裂类型,从而计算出边坡的位移。

1.2.3 巫峡段以往相关工作及成果

对巫峡段的地质环境条件开展系统化的研究,始于 20 世纪 90 年代初的三峡工程论证,早在"七五"期间,原地矿部主持了"七五"科技攻关项目《长江三峡库区地震地质研究》,对库区的崩滑体进行稳定性评价和预测分析,划分了不稳定库段。随着相关调查和研究工作的陆续开展,主要针对长江三峡库区库岸稳定性问题展开专业性调查和评价。1990 年,四川省地质矿产局南江水文地质工程地质队、湖北省地质矿产局水文地质工程地质大队编制了《长江三峡工程库区大型滑坡崩塌》[54],主要编入了长江三峡工程库区(重庆至三斗坪段)40 个大型滑坡的平面图、剖面图、立体图、素描图及照片,并简述了它们所处的自然地质环境、形态特征、结构特征、形成机制、演化过程及其危害。1991 年,四川省地矿局南江水文地质工程地质队编制了《长江三峡工程库岸典型和大型崩塌滑坡形成条件破坏机制及稳定性研究》[55],详细阐述了长江三峡工程库岸崩塌滑坡的形成条件,并对 36 处崩塌滑坡的稳定性进行了综合评价与预测。

前期的研究大多着眼于整个三峡库区,而专门针对巫峡段的研究成果则不多,直至三峡水库蓄水以后,尤其是2008年龚家坊滑坡发生后,该区域的研究才逐步成为热点。何潇等[56]在大量现场调查及测量的基础上,从河谷边坡演化的地质-力学动态角度,阐明了本区域崩滑灾害孕育的发展过程和垂直分布特点。刘广宁等[57]对巫峡峡口至独龙一带的高陡岩质岸坡进行了深入的调查和研究,总结了岸坡的典型破坏模式,指出该段岸坡存在累进性破坏、"锁固段"脆性破坏和整体性破坏3种机理。顾东明[58]以巫峡龚家坊至独龙一带十余个反倾岸坡为背景,分析了库岸反倾边坡时效变形失稳的库水侵蚀—软化—渗流耦合作用机理。刘新荣等[59]从地质因素和环境因素两个方面对库岸稳定性的影响因素进行分析总结,提出了5种巫山段消落带岸坡库岸再造类型。

上述研究主要从岸坡破坏机制、破坏模式以及稳定性角度进行研究,因本区域水库水位周期性涨落范围高达30 m,长期水位涨落循环给消落区岩土物理力学性能造成了较大改变,从而不可避免地对岸坡整体稳定性造成影响。因此,对水位涨落条件下岸坡性能劣化研究成了又一个热点研究方向。自2019年以来,先后有三峡大学、中国地质环境监测院、重庆市地质矿产勘查开发局208水文地质工程地质队等从不同的研究角度出发,在巫峡段开展了大量的岸坡性能劣化研究,在这一阶段研究中,研究手段由传统的调查、简单室内力学试验逐步拓展到物质结构,开展了核磁共振以及振动台试验,并应用了现场原位先进技术探测,如超声波波速、地质雷达等,同时研究对象由单一的消落带劣化特征研究逐步向消落带劣化与岸坡稳定性关系研究方向拓展。总结起来,本阶段的研究成果和认识包括以下几个方面:

①认识到本区域水位变动带碳酸盐岩体劣化的裂缝扩展速率比三峡的平均溶蚀率高出约1 300倍,溶蚀作用是岩溶岸坡中最基本的作用,库水长期波动加快了岩溶岸坡演化[60]。

②首次系统地阐述了本区域岩溶岸坡消落带浅表层岩体劣化特征,提出了溶蚀岩体劣化程度的量化指标,并建立了岩体劣化程度与地质强度指标的相关关系[61]。

③构建了消落带碳酸盐岩体三维离散裂隙网络模型,提出了基于裂隙网络的连通性和水力边界条件的劣化岩体空间分析方法[62]。

近年来,重庆市规划和自然资源局先后委托重庆地质矿产研究院、重庆市地勘局 208 地质队、中国地质大学(武汉)等相关科研机构、地勘队伍以及高校在本区域开展了一批重点科研项目,包括由市地质灾害防治中心与中国地质大学(武汉)合作,完成了《重庆市三峡库区滑坡涌浪灾害评估技术要求和三峡工程重庆库区蓄降水诱发地质灾害成因分析与风险评估研究》项目,并编制了《重庆市三峡库区滑坡涌浪评价与风险评估技术要求》;委托重庆市地质矿产勘查开发局 208 水文地质工程地质队开展了《三峡工程重庆库区长江干流水位变动带长期强度弱化规律及防护措施示范研究》,通过大量现场调查和室内外试验,总结了库区水位变动带劣化的模式及规律,有针对性地提出了相应的防护措施。

除了上述基础研究以外,该区域还开展了大量的应用性研究和实践探索,尤其在监测预警方面做了大量的工作。受三峡库区地质灾害防治工作指挥部委托,中国地质调查局水文地质环境地质调查中心自 2005 年以来,分两期在该区域开展了地质灾害专业监测预警工作,对 30 个专业监测点进行了长期的监测工作。重庆市地勘局 107 地质队及 208 地质队自 2010 年以来持续开展了巫峡段左右两岸重点区域及重点灾害点的专业监测,先后在龚家坊至独龙一带不稳定斜坡区建立了专业监测点 100 余个,并针对红岩子滑坡、塔坪滑坡、干井子滑坡、箭穿洞危岩、黄岩窝危岩及板壁岩危岩等区域内的典型重大灾害点开展了专业监测。目前在该区域开展的专业监测工作还是以常规监测手段为主,所涉及的监测设备包括 GNSS、裂缝计、应力计等,监测手段相对单一。

1.2.4 存在的问题

总体来讲,我国在岸坡地质灾害监测预警及风险管控方面开展了大量的研究工作,取得了丰硕的成果,但仍存在以下问题。

首先,在岸坡地质灾害监测预警方面,虽然目前的研究已经涉及常规地面形变监测、低空机载激光雷达以及卫星 InSAR 等多种技术手段,但是在研究中常常使用单一技术手段,上述多种监测手段如何协同并为岸坡灾害的防控提供了有效地支撑,目前的研究尚不足。事实上,高陡岩质岸坡灾害往往具有前期变形量小、隐蔽性高、突发性强等特征,采用单一监测手段很难全方位掌握岸坡的发展演化状态,因此,如何将传统监测手段与新型的"空-天-地"立体监测手段相结合,将定点监测

与区域监测相结合,最大限度地破解坡体的发展演化及失稳破坏前兆信息,成为高陡岩质岸坡监测预警研究的一个重要方向。

其次,在岸坡地质灾害风险管控方面,以往的地质灾害风险评价过程中,通常将地质灾害风险视为一个静态过程,主要考虑基本的地质背景条件,灾害风险没有与灾害的演化过程相关联,尽管在灾害管控过程中涉及有灾害监测环节,但未能真正将监测数据与风险评价有机融合,未能反映地质灾害风险随灾害不同变化阶段的动态演化过程。因此,如何将现有的监测数据与风险评价方法相结合,推动岩质岸坡风险由静态风险评价向动态风险管控过渡,也是岸坡灾害防控中需要关注的一个方面。

1.3　研究内容及章节安排

1.3.1　主要研究内容

本书主要以库区高陡岩质岸坡突发性强、监测预警困难、风险管控技术不足等现状为出发点,在现有地面调查及自动化监测预警技术的基础上,综合运用无人机倾斜摄影、星载 InSAR 监测、远距离地基雷达扫描、微地震面域监测等最新的理论和技术方法,探索高陡危岩监测预警及风险管控技术体系和方法,解决高陡岩质岸坡区域动态风险管控关键问题,实现三峡库区高陡岩质岸坡区域灾害点信息的快速获取、灾害危险性动态预测、灾害风险的实时分析和及时预警功能,丰富地质灾害的监测理论及方法,提升库区高陡岩质岸坡的管理水平及灾害应对能力,有效保障长江航道的安全。主要研究内容如下:

1)高陡岩质岸坡"空-天-地"一体化监测技术研究

针对岩质坡体变形量小、失稳破坏突发性强、常规监测方法难以准确捕捉变形信息等特点,探索采用 InSAR、微地震实时监测、地基雷达远距离监测等面域监测技术开展"空-天-地"多手段协同监测的技术方法,建立"空-天-地"一体化的高陡岩质岸坡及消落带地质灾害监测技术体系。

2）高陡岩质岸坡地质灾害动态危险性评价技术

以"空-天-地"一体化监测成果为基础,结合重点研究区地质背景条件,研究不同监测手段下的监测成果与地质灾害危险性的关联关系,构建同时考虑本底条件和活动状态的岸坡动态危险性评价模型。建立多手段综合作用下高陡岩质岸坡地质灾害不同危险性等级下的判据准则,实现地质灾害危险性的快速识别、动态评价及预警预报。

3）高陡岩质岸坡地质灾害风险管控机制研究

结合研究区的实际情况,研究适合本地区的高陡岩质岸坡区域地质灾害风险管理的理论、方法与推进机制,探讨静态风险评价与监测预警动态信息相结合,并与区域社会经济发展需求相适应的高陡岩质岸坡动态风险管理体系的框架和标准化管理模式,形成一套适合三峡库区高陡岩质岸坡特征的地质灾害风险管控技术及方法体系。

4）三维可视化监测预警及风险管控系统与开发

利用研究区地表高精度信息数据,结合现场调查及区域地质背景数据,建立研究区地上地下一体化三维矢量模型。开展基于三维模型与监测数据融合研究,开发地质灾害风险预警预报软件系统,实现灾害风险的智能分析及可视化预警预报。开发高陡岩质岸坡及消落带地质灾害风险动态区划及展示系统,实现研究区地质灾害风险的可视化预警及动态风险自动化管控。

5）高陡岩质岸坡声光预警系统开发及建设

研究预警预报及风险信息的现场直达式预警方式,开展现场声光预警系统的功能、框架结构及信息传输方式的设计和软件系统开发,研发现场声光预警设备,建立声光预警设备与后台风险预警平台的对接;在研究区长江沿岸开展声光预警系统建设,实时现场反馈后台风险等级及预警信息,实现通过不同等级的声光信号的变化,进而增强其主动防御或规避意识。

1.3.2　本书章节安排

本书共 7 章,系统地介绍研究团队在三峡库区高陡岩质岸坡监测预警与风险管控方面的研究成果。第 1 章为绪论,主要介绍研究背景及意义、国内外研究现状、研究内容及章节安排;第 2 章主要介绍研究区的自然地理概况、地质背景以及地质灾害等基本情况;第 3 章主要介绍峡谷岸坡区域空-天-地多手段协同监测技术体系的构建及应用;第 4 章主要介绍多源数据融合下的岸坡动态危险性评价;第 5 章主要介绍空-天-地结合的航道风险管控体系构建及应用;第 6 章主要介绍研究区地上地下三维一体化模型及可视化风险管控平台的构建与应用;第 7 章为结论。

第2章 研究区概况

在三峡库区尤其是巫山一带,是典型的峡谷地貌,山高、坡陡、谷深,受三峡水库修建等诸多因素的影响,该区地质灾害极为发育,在江河岸坡、台地边缘形成了众多的滑坡、危岩等地质灾害,是重庆市地质灾害最严重的区域之一。同时,该地区多以岩质岸坡为主,岸坡失稳破坏前兆信息微弱,灾害突发性强,使得灾害防控面临诸多难题,并成为三峡库区高陡岩质岸坡最具代表性的地区之一。因此,选取重庆市长江巫山段作为本文研究区域,对三峡库区高陡岩质岸坡监测预警与风险管控开展系统研究。本章中将系统地介绍研究区的范围、自然地理条件、地质背景条件以及研究区内地质灾害现状。

2.1 交通位置及自然地理概况

研究区位于重庆市东北部,大巴山和鄂西山地接壤地带,行政区划隶属重庆市巫山县所辖,研究区距重庆约 400 km。本次研究主要以巫峡段航道两侧高陡岸坡为主要研究对象,因此,在研究范围的选择上,大致以长江航道两侧岸坡第一道分水岭为边界,构成主要以岸坡及消落带为主体的研究范围,如图 2.1 所示,地理坐标为：东经 109°53′16″ ~ 110°08′11″，北纬 31°00′16″ ~ 31°04′59″，面积约 81 km²。

研究过程中，根据地质背景条件及地质灾害发育情况，在选定的研究区域基础上，将研究区进一步划分为重点研究区和一般研究区，其中，重点研究区主要以巫峡段左岸龚家坊至独龙一带长约 7 km 范围的岸坡区域，在本区域集中开展各种新技术手段的应用验证与示范，其余区域为一般研究区，主要开展技术推广。

图 2.1　研究区范围

2.1.1　交通

研究区的交通位置如图 2.2 所示。水路方面，长江自西向东横穿县境中部，自县城顺江而下 58 km 至巴东，167 km 至宜昌，逆流而上 154 km 至万州，481 km 至重庆，大宁河由北向南注入长江，是水路交通的重要支线，有机动船和旅游船通航。

公路方面，渝宜高速（G42）自西向东穿越县境，国道 318、209 自东至西横穿越县境，县级公路建（业州镇）官（官店镇）公路分别与 318、209 国道在红岩寺镇和业州镇相交，贯穿县境南北，形成以"两横（318、209 国道）一纵（建官线）"为主骨架、干支相连、城乡一体、周边通达的公路网络结构雏形。

此外，位于巫山、奉节两县交界处，距离巫山县城 15 km 的重庆巫山机场已通航。新建的郑万高铁已于 2022 年 6 月 20 日正式通车运营，这些交通设施的完善将大大改善巫山的交通状况。

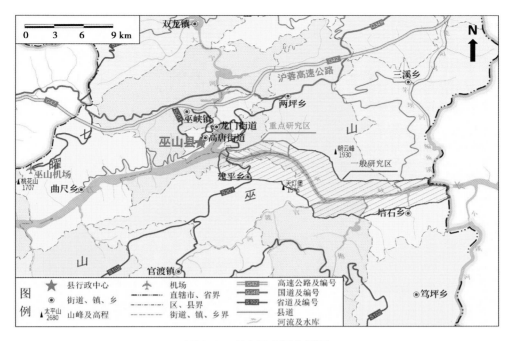

图2.2　研究区交通位置图

2.1.2　气象

研究区地处亚热带湿润气候区,雨量充沛,日照充足,雨热同季,四季分明。春季多低温阴雨和寒潮;夏季气温高,降水丰富常有暴雨,易诱发洪涝、滑坡灾害;秋季气温下降快,多阴雨;冬季短,气候温和少雨。多年平均气温18.4 ℃,月平均最低气温7.1 ℃;月平均最高气温29.2 ℃,极端最低气温−6.9 ℃(1997 年 1 月 30日);极端最高气温43.1 ℃(2018 年 8 月 9 日)。多年平均降雨量 1 049.3 mm,年最大降雨量 1 356 mm,月最大降雨量 445.9 mm(1979 年 9 月),日最大降水量384.6 mm(2014 年 8 月 31 日)。一年中降雨分布不均,主要降雨集中在5—9月,占全年降雨量的68.8%。

2.1.3　水文

研究区地表水系均属长江水系,长江和大宁河为区内的主要地表水系,长江为境内最低侵蚀基准面,在巫山县境内流程 57 km,多年平均流量为 11 308 m³/s,年径

流量 3 248.9×10^8 m^3。三峡水库蓄水前,年平均水位 73.9 m,最高洪水位 117.77 m,最低枯季水位 63.34 m,水位最大涨幅 54.43 m。长江水位变幅大,每一洪峰期的水位涨落所产生的动水压力及旁蚀岸坡的作用无疑是加速了库岸崩塌、滑坡的发育进程。长江两岸支流发育,除大宁河外,流域面积在 100 km^2 以上的支流还有 8 条,分别是官渡河、抱龙河、大溪河、小溪河、马渡河、洋溪河、三溪河、福田河。除主要支流外,境内尚有小溪 54 条,其中,区间溪 53 条,过境溪 1 条。全县水域面积 91.4 km^2,占总面积的 3.09%,水系一般呈树枝状,局部呈羽毛状或格子状。三峡水库蓄水至 175 m 后,坝前 145 m 接 20% 的洪水位线巫山断面为 145.1 m,坝前 156 m 接 5% 的洪水位线巫山断面为 156.3 m,坝前 162 m 接 2% 的洪水位线巫山断面为 162.2 m,坝前 175 m 接 20% 的洪水位线巫山断面为 175.1 m,三峡库区长江(巫山段)水位变化趋势如图 2.3 所示。

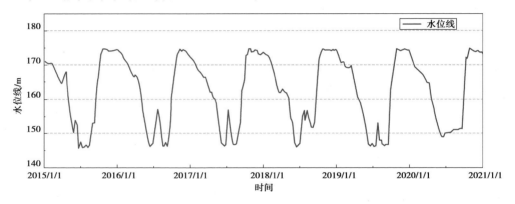

图 2.3 巫山长江库区水位周期性变化过程图

2.2 地质背景条件

2.2.1 地形地貌

巫山属于我国三大地貌阶梯中的二级阶梯,地形受巴雾河以北的大巴山山脉和以南的巫山山脉控制,地势南北高、中间低,县境北缘的太平山为最高点,海拔 2 680 m;县境中部培石江底为最低点,海拔 73.1 m,相对高差达 2 607 m。受山体自身的抬升和外界强烈的溶蚀、浸蚀作用,形成地形陡峭、岩溶发育、沟谷密布、峡谷幽深的以中、低山为主,少有丘陵平坝的地貌景观,由南向北相间分布着呈条带状的3个中山区和3个低山丘陵区。

巫峡段中部主要为低山丘陵地貌,北西及南东面为中山地貌区,多分布为二叠系及三叠系嘉陵江组碳酸盐夹碎屑岩,区内呈高陡峡谷地貌,横石溪背斜是三峡峡谷地貌最典型的地带,狭窄、坡陡、谷深。山顶高程多为1 000~2 000 m,地形相对高差一般为800~1 500 m,岸坡坡度多为35°~55°,部分峡谷地段为75°以上,局部为倒坡。研究区西起巫峡入口,东至长江巫山县出口,全程航道里程145~169 km,长约24 km,巫山长江大桥至巫峡段江面狭窄,河谷呈"V"形发育,岸坡多以"陡坡+陡坎"呈现,整体地形坡角为35°~60°,为高陡峡谷岸坡段。研究区龚家坊段和剪刀峰段地貌特征如图2.4所示。

(a)龚家坊段　　　　　　　　　　　　(b)剪刀峰段

图2.4 巫峡一带峡谷地貌

2.2.2 地层岩性

根据《重庆市区域地质志》的最新研究成果,研究区位于扬子地层区(IV$_5$)—四川盆地地层分区(IV$_5^2$)—万州地层小区(IV$_5^{2-1}$)。研究区出露志留系—三叠系地层,以三叠系为主,详见表2.1,研究区及邻区地层岩性分布图,如图2.5所示,研究区典型岩性特征照片,如图2.6和图2.7所示。

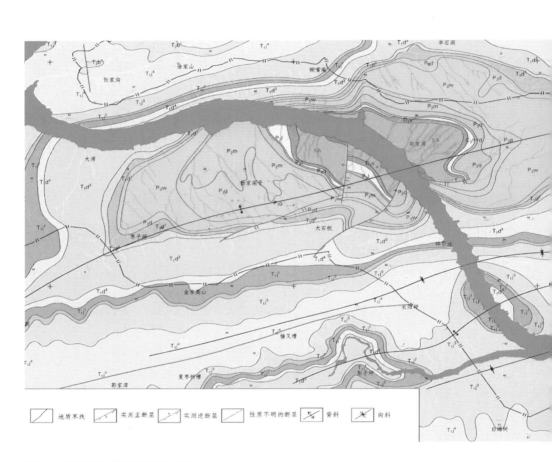

图2.5　研究区及邻区平面地质图

地质图例

Qp 更新统	T_1j^2 嘉陵江组二段	P_3d 大隆组	C_2h 黄龙组
T_2b^3 巴东组三段	T_1j^1 嘉陵江组一段	P_3w 吴家坪组	C_2d 大埔组
T_2b^2 巴东组二段	T_1d^4 大冶组四段	P_3g 孤峰组	D_2y 云台观组
T_2b^1 巴东组一段	T_1d^3 大冶组三段	P_2m 茅口组	Sih 韩家店组
T_1j^4 嘉陵江组四段	T_1d^2 大冶组二段	P_2q 栖霞组	Six 小河坝组
T_1j^3 嘉陵江组三段	T_1d^1 大冶组一段	P_2l 梁山组	一级分水岭

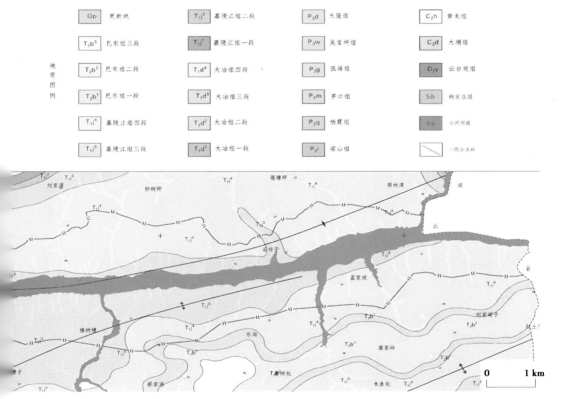

0   1 km

图2.6　研究区岩性特征照片1

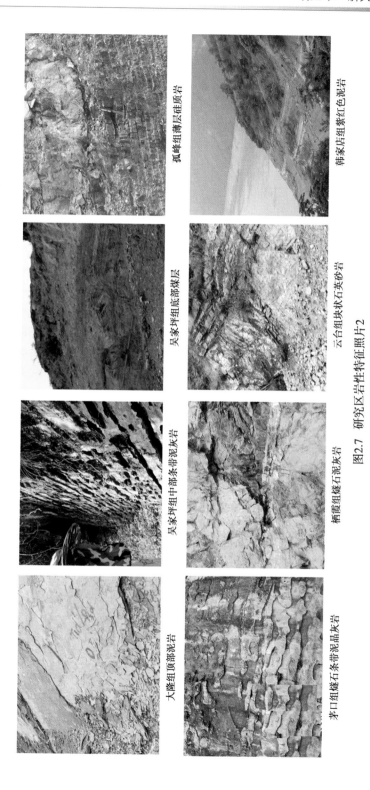

孤峰组薄层硅质岩

韩家店组紫红色泥岩

吴家坪组底部煤层

云台组块状石英砂岩

吴家坪组中部条带灰岩

栖霞组燧石泥灰岩

大隆组顶部泥岩

茅口组燧石条带泥晶灰岩

图2.7 研究区岩性特征照片2

表 2.1 研究区岩石地层单元一览表

地质年代			岩石地层		代号	厚度/m
界	系	统	组	段		
新生界	第四系				Q_4	0 ~ 30
中生界	三叠系	下统	嘉陵江组	四段	T_1j^4	221.0 ~ 385.5
				三段	T_1j^3	172.0 ~ 268.5
				二段	T_1j^2	27.1 ~ 38.8
				一段	T_1j^1	116.0 ~ 192.0
			大冶组	四段	T_1d^4	96.2 ~ 139.4
				三段	T_1d^3	441.1 ~ 651.8
				二段	T_1d^2	68.3 ~ 92.7
				一段	T_1d^1	82.1 ~ 128.2
古生界	二叠系	上统	大隆组		P_3d	29.5
			吴家坪组		P_3w	134.6
		中统	孤峰组		P_2g	17.1
			茅口组		P_2m	40 ~ 100
			栖霞组		P_2q	220.7
			梁山组		P_2l	11.1
	石炭系	中统	黄龙组		C_2h	0 ~ 40.1
			大浦组		C_2d	0 ~ 16.1
	泥盆系	中统	云台观组		D_2y	36.4
	志留系	下统	韩家店组		S_1h	267.7 ~ 273.3
			小河坝		S_1x	>30

研究区岩石地层由老至新简述如下:

1)志留系下统

(1)小河坝组(S_1x)　　　　　　　　　　　　　　　　　　　>30 m

小河坝组仅分布在横石溪背斜核部,长江消落带附近,出露顶部岩性,厚度>30 m,出露面积不足 0.1 km²,与下伏新滩组呈整合接触。顶部岩性为黄绿-黄灰绿色薄层含粉砂岩条带粉砂质泥岩,沙纹层理、水平层理,波痕构造发育,薄层粉砂质泥岩夹薄层粉砂岩及少量薄层细砂岩。

（2）韩家店组（S_1h）　　　　　　　　　　　　　　　　　　267. 7 ~ 273. 3 m

韩家店组仅分布在横石溪背斜核部,望峡以南,底部为紫红色夹灰绿色粉砂质泥岩,中下部由灰绿色薄层细砂岩、粉砂质泥岩夹薄层岩屑石英砂岩组成。中上部主要由中厚层细粒石英砂岩夹粉砂质泥岩组成,夹数层砂岩。顶部由薄层粉砂质泥岩夹中厚层细砂岩组成,偶夹生屑泥粒灰岩。以韩家店底部"红层"出现为底界,该"红层"岩性主要为紫红色夹灰绿色粉砂质泥岩,厚 40 ~ 50 m,指示沉积时期的干旱气候条件。该组与下伏小河坝组岩性渐变过渡,呈整合接触。

2）泥盆系中统

云台观组（D_2y）　　　　　　　　　　　　　　　　　　　　　36. 4 m

云台观组分布在横石溪背斜的核部、建坪和望霞一带,岩性以灰白色中厚层细粒石英砂岩为主,底部偶见石英质细砾岩。下部为灰白色、灰褐色中厚层至块状中细粒石英岩状砂岩,发育脉状层理、冲刷层理、板状斜层理,粗大的生物潜穴或钻孔,其中含星点状黄铁矿晶体或结核。中部为灰白色薄层中细粒石英砂岩夹薄层粉砂岩和粉砂质泥岩,粉砂岩和粉砂质泥岩中虫迹发育。上部为灰白色厚层中细粒—粗粒石英砂岩,层面见大量垂直、倾斜潜穴或钻孔。与下伏韩家店组为平行不整合接触。

3）石炭系中统

（1）大浦组（C_2d）　　　　　　　　　　　　　　　　　　　　0 ~ 16. 1 m

大浦组分布在横石溪背斜的核部、建坪和望霞一带。底部为灰白色厚层白云质砂砾岩、粗砂岩,碎屑成分复杂,分选、磨圆差。中上部灰白色厚层细晶白云岩、灰质白云岩夹砾屑白云岩。中部夹一薄层灰质含砾石英砂岩。与下伏云台观组为平行不整合接触。

（2）黄龙组（C_2h）　　　　　　　　　　　　　　　　　　　　0 ~ 40. 1 m

与大浦组分布一致,岩性为灰白色薄层藻团粒灰岩、灰色厚层灰泥岩与灰色厚层-巨厚层藻团粒灰岩,发育断续条带状层理,大量生屑顺层产出。该组以灰色生屑灰岩出现为标志,与下伏大埔组岩性突变,为平行不整合接触。

4) 二叠系中统

(1) 梁山组(P₂l)   11.1 m

梁山组分布在横石溪背斜两翼,望峡一带,岩性下部为灰白色、灰黑色厚-中层细粒石英砂岩、灰黑色炭质泥岩夹煤线,上部为中层-厚层含炭质泥岩,砂岩中见大量植物化石。与下伏黄龙组平行不整合接触。

(2) 栖霞组(P₂q)   220.7 m

栖霞组与梁山组分布一致,岩性为深灰色中-厚层含或不含燧石的生屑粒泥-生屑泥粒灰岩、中层-厚层瘤状生屑粒泥灰岩及少量薄层灰质泥岩,其中,下部与上部发育瘤状构造,含少量燧石条带或团块,中部发育冲刷构造、丘状层理及纱纹层理,富含燧石条带或团块,富含腕足、珊瑚、海百合等化石。与下伏梁山组为整合接触。

(3) 茅口组(P₂m)   40～100 m

茅口组为浅灰色厚层、巨厚层生屑泥粒灰岩夹薄层眼球状灰岩及薄层细晶白云岩,含少量燧石团块,顶部发现丰富的暴露标志,如顶面凹凸不平、高低起伏,暴露铸模溶孔,花斑状白云岩化及顶部岩溶缝隙中发育原地破碎的灰岩或燧石岩块及黏土等。与下伏栖霞组为整合接触。

(4) 孤峰组(P₂g)   17.1 m

底部为薄层泥质粉砂岩夹极薄层泥岩,往上过渡为炭质硅质岩、硅质岩、炭质泥岩互层,顶部由薄层硅质岩组成。与下伏茅口组为整合接触。

5) 二叠系上统

(1) 吴家坪组(P₃w)   134.6 m

底部为灰色厚层泥岩、薄层砂岩,薄层炭质泥岩夹煤线。富含植物茎干化石,顶部灰黑色厚层泥岩中含大量磷质结核,该层位煤系地层厚约 6.98 m。上部为灰岩段,为灰色薄层硅质灰岩、薄层骨针粒泥灰岩、厚层至块状砂屑灰岩,含燧石条带、团块灰岩。与下伏孤峰组平行不整合接触。

(2) 大隆组(P₃d)   29.5 m

黑色薄层泥岩、硅质泥岩或硅质岩夹灰黑色薄-中层灰泥灰岩、硅质灰岩,夹多层水云母黏土岩及细晶白云岩,产丰富的菊石、双壳、鱼类碎征及少量壳薄、体轻的腕足类化石。与下伏吴家坪组为整合接触。

6）三叠系下统

（1）大冶组一段（T_1d^1）　　　　　　　　　　　　　　　　82.1～128.2 m

主体岩性为浅灰-深灰色中厚层灰泥灰岩夹深灰色薄层钙质、灰绿色钙质泥岩，底部夹透镜状灰泥灰岩，发育水平层理、纹层、条带状构造。

（2）大冶组二段（T_1d^2）　　　　　　　　　　　　　　　　68.3～92.7 m

下部为灰色薄层灰泥灰岩、灰绿色薄层钙质泥岩；中部为灰色-深灰色中-厚层状灰泥灰岩夹泥质条带；顶部为薄层灰泥灰岩夹泥质条带及黑灰色薄层钙质泥岩，发育水平层理。

（3）大冶组三段（T_1d^3）　　　　　　　　　　　　　　　441.1～651.8 m

下部为浅灰色薄层状粉屑灰泥灰岩、夹薄层灰绿色、钙质泥岩，中部为薄-极薄层泥质条带灰泥灰岩；上部中层夹薄层灰泥灰岩，夹黄绿色钙质泥岩，厚层泥粒灰岩、灰泥灰岩。发育水平层理、缝合线构造、方解石脉，其顶部含生物碎屑，发育冲刷面构造。

（4）大冶组四段（T_1d^4）　　　　　　　　　　　　　　　96.2～139.4 m

下部为灰色厚层砂屑、砾屑、鲕粒灰岩，夹薄层钙质泥岩，发育缝合线构造，中部为薄至中厚层灰泥灰岩、泥质灰岩、砂屑、砾屑灰岩，上部发育竹叶状透镜体，方解石脉、缝合线、冲刷构造发育；顶部浅灰色夹肉红色厚层砂屑、生屑灰岩，钙质粉砂岩、泥质条带。发育水平层理，交错层理，缝合线构造、虫迹构造、冲刷面构造。与下伏大隆组为整合接触。

（5）嘉陵江组一段（T_1j^1）　　　　　　　　　　　　　　116.0～192.0 m

岩性由浅灰-灰色薄-中厚层微晶-细晶灰岩，灰白-浅灰色中厚-块状白云岩、灰质白云岩，泥质条带组成。白云岩、灰质白云岩表面可见刀砍状风化痕。

（6）嘉陵江组二段（T_1j^2）　　　　　　　　　　　　　　27.1～38.8 m

岩性为浅灰色、灰白色薄-中厚层白云岩、块状盐溶角砾岩组合，含石膏假晶。

（7）嘉陵江组三段（T_1j^3）　　　　　　　　　　　　　172.0～268.5 m

岩性总体为浅灰色中厚层泥粒灰岩、砂屑灰岩、泥质灰岩，中上部夹泥质条带，底部灰色厚层鲕粒砂屑颗粒灰岩、泥粒灰岩，中部发育数层竹叶状灰岩，方解石脉和虫迹构造发育。

(8)嘉陵江组四段(T_1j^4)　　　　　　　　　　　　　221.0～385.5 m

岩性主要为浅灰-灰白色中厚至厚层白云岩、灰质白云岩、块状盐溶角砾岩,浅灰-灰黄色薄-厚层灰岩等。白云岩中含石膏假晶,发育鸟眼构造,风化面具刀砍状细纹构造。盐溶角砾岩中角砾成分为白云质、灰质;角砾形状以次棱角状为主,少为棱角状及次圆状,角砾大小也较为悬殊;胶结物成分以白云质、灰质为主,少泥质成分。与下伏大冶组为整合接触。

7)第四系(Q_4)

研究区地形切割强烈,第四系地层主要沿长江两侧零星分布,主要为冲洪积和冲积类型,在山区城镇建设中可见厚度差异较大的人工填土层,在斜坡地段可见残坡积层和崩滑堆积层堆积。

(1)残坡积层(Q_4^{el+dl})

主要分布在研究区低山丘陵斜坡地带,以含碎石粉质黏土为主,其次为碎石类土,厚度差异较大,一般为 3～8 m,局部地段厚度较大。

(2)崩坡积层(Q_4^{col+dl})

主要分布在研究区低山丘陵区,以块石土为主,块石粒径及含量不均匀,厚度变化较大,一般为 5～25 m。

(3)滑坡堆积层(Q_4^{del})

主要分布在研究区长江岸坡一带,以块石土为主,其次为碎块石粉质黏土,块石粒径及含量不均匀,厚度变化较大,一般为 10～30 m。

2.2.3　地质构造

研究区位于扬子陆块(Ⅳ-4)(克拉通)—四川中生代盆地(Ⅳ-4-2)(上叠前陆盆地)—万州拗褶带(Ⅳ-4-2-1)。地处大巴山弧、川东褶带及川鄂湘黔隆起褶带结合部,地质构造复杂。褶皱构造为地质构造的主体,断裂构造较少,节理裂隙发育。研究区及邻区主要地质构造有七曜山背斜、巫山向斜、横石溪背斜、穿箭峡向斜、神女峰背斜、神女溪-官渡口向斜、青石背斜、培石向斜,发育断层为老鼠挫断层,次级构造主要有大溪背斜、大溪向斜,如图2.8所示。

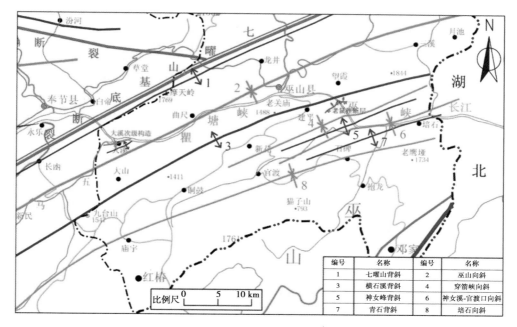

图 2.8　研究区及邻区构造纲要图

研究区及邻区构造情况列述如下：

（1）七曜山背斜

七曜山背斜规模大、延伸远，长度达 300 m，瞿塘峡可见，轴部沿火焰山发育，火焰山被长江横切而过形成瞿塘峡。该背斜核部为二叠系吴家坪组灰色硅质灰岩，富含结核状、条带状燧石。背斜整体轴向自 SW 往 NE 由 20°渐变为 25°，两翼岩层倾角 15°～78°，局部直立，两翼不对称，沿走向轴面有倾向 NW、SE 或直立扭转现象。

（2）巫山向斜

巫山向斜在区域上为一绵延上百千米的线状褶皱，大溪乡南至巫山间的宽谷段可见。向斜整体上长约 25.5 km，宽约 7.0 km。出露地层主体为巴东组，构造高点及低谷处出露嘉陵江组，轴部东端及西端长江南岸出露最新的地层为三叠系上统二桥组，北西翼倾向 SE，倾角 30°～60°，南东翼倾向 NW，倾角 40°～63°，北西翼马垭口至大块子一带地层局部倒转或直立。

（3）横石溪背斜

横石溪背斜为一复式背斜，是影响巫峡上游段岸坡结构的主要褶皱。该背斜延伸远，长达 100 km 以上，宽约 9 km。其核部在东段横石溪长江两岸出露最老地

层为志留系小河坝组,两翼由泥盆系-三叠系组成。该背斜顶部产状较平缓,一般为几度至十几度,向两翼变陡至 60°~70°。轴面直立,轴向 N70°E,为一直立开阔的箱状褶皱,测区内褶皱枢纽向 SWW 倾斜,倾角 6°~8°。背斜东部长江边发育 NE 向逆冲断层,受其影响该处背斜南东翼地层直立或倒转。

(4)穿箭峡向斜

穿箭峡向斜为横石溪复式背斜内的次级褶皱。整体长约 26 km,宽 2 km,主要发育在长江两岸的穿箭峡内,轴部可见最老地层为三叠系嘉陵江组四段,两翼由嘉陵江组一段至三段组成。向斜走向 70°~75°,倾向 SW245°,该段轴面紧闭,北西翼地层倒转。

(5)神女峰背斜

神女峰背斜为横石溪复式背斜内的次级褶皱。整体长约 26 km,宽 3 km,主要发育在长江两岸的神女峰一带本段轴部及两翼均由嘉陵江组组成,背斜走向 70°~75°,倾向 SWW,倾角 4°~8°,北西翼地层产状 333°~345°∠18°~38°,南东翼地层产状 150°~170°∠10°~38°,两翼基本对称,轴面直立。

(6)神女溪-官渡口向斜

神女溪-官渡口向斜是影响巫峡青石一带岸坡结构类型及其稳定性状况的主要褶皱。其轴线沿巫山神女溪—烂泥湖—黄草坡—巴东官渡口。该向斜长约 74 km,宽约 5 km,轴向 55°,向东渐变 75°~85°,为一 NW 向凸出弧形褶皱,两翼基本对称。

(7)青石背斜

青石背斜为神女溪-官渡口向斜与培石向斜之间的次级褶皱,是影响抱龙河口至曲尺滩段长江岸坡的重要褶皱,长度较小,约 10 km,呈 60°~70°方向,展布于龙王包—青岩子—曲尺滩一带,止于长江。区内核部为三叠系嘉陵江组四段,两翼为嘉陵江组三段。褶皱形态总体宽缓、基本对称、呈波状,该背斜向东倾伏于长江。

(8)培石向斜

培石向斜也称为官渡向斜,整体上沿巫山庙宇镇至官渡河镇发育,位于本次研究区南侧,是影响培石至官渡长江岸坡结构的重要褶皱。核部为三叠系中统巴东组,两翼为三叠系下统嘉陵江组。

(9)老鼠挫断层

老鼠挫断层发育于横石溪背斜的南东翼,长约 3.8 km,走向约 60°,倾向 SW,

倾角在地形高处为 72°,在低处为 6°,呈一上陡下缓的"犁式"断层。该断层切割了志留系至二叠系栖霞组,但向上并不切穿二叠系吴家坪组和三叠系。受该断层影响,横石溪背斜南西翼地层倒转。该断层破碎带宽 10～20 m,在研究区内志留系组与二叠系栖霞组呈断层接触,其间缺失了志留系韩家店组顶部、泥盆系云台观组、石炭系大铺组及黄龙组等地层,段距大于 600 m。

2.2.4 新构造运动及地震

长江三峡地区挽近时期地壳运动以间隙性上升为主要特征,形成了多级夷平面与阶地。巫山县城地区也不例外,断裂构造发育,但不是基底断裂,新生代期间以地壳间歇性抬升运动为主,按阶地级次、夷平面及层状岩溶系统分析,本区地壳抬升过程中至少有 6 次间歇期,而区域继承性构造运动迹象相对微弱。

据《巫山县志》,自元代至清代巫山地区共记录有感地震 5 次,但无震级记录,也无破坏性地震记录。巫山县外围地震区有二:一是北侧的秦岭-大巴山地震带,最近的历史震中点有鄂西的房县、竹山、竹溪,最近距离 100 km,震级 5 级;二是东南侧的兴山-黔江地震带,最近震中点为秭归龙会观。1979 年 5 月 22 日,龙会观发生 5.1 级地震。2013 年 12 月 16 日 13 时 10 分,湖北省巴东县发生 5.1 级地震,地震烈度为 Ⅴ 度。对巫山县均未构成威胁。

根据《建筑抗震设计规范》(GB 50011—2010)及 1:400 万《中国地震动峰值加速度区划图》(2015 年),勘查区属地震基本烈度 Ⅵ 度区,地震动峰值加速度为 0.05 g,地震动反应谱特征周为 0.35 s,设计地震分组为第一组。抗震设防烈度 6 度,设计基本地震加速度为 0.05g。

2.2.5 水文地质

1)地下水的类型与特征

研究区内地下水的分布、埋藏、运移受岩性构造、地貌和水文网的切割程度影响较大,根据研究区内地下水赋存条件可分为以下三大类。

（1）松散岩类孔隙水

该类型地下水主要赋存在残坡积崩滑体及阶地内有零星分布。该类型的水富集程度除河谷平坝地段较好外，其他地段因透水性差，并被地形切割的不完整而富水性很差，仅有不连续的上层滞水分布，无统一的地下水面。地下水具浅循环、短径流、快交替的动态特点，其水量随大气降雨而有较大的变幅。在汛期，河谷平坝地段地下水直接与河水相连，富水程度好；残坡积物中的上层滞水则因接受降雨补给而出露成泉。在枯水季节，由于大量排泄，水量骤减，残坡积物中泉水枯干，河谷平坝地段则以点状下降泉的方式排泄甚至枯干。

（2）基岩风化裂隙水

该类型地下水主要分布在志留系地层的砂泥岩风化裂隙中，由于该层岩性以泥岩为主，为相对隔水的岩层，但浅部因风化裂隙发育，张开度及连通情况均较好，因而在地表浅部构成了一定的储水空间，赋存有一定量的地下水。该类型水排泄良好，在大面积接受降雨补给后，水量可明显增加，而枯水季节则可能断流。

（3）碳酸盐岩裂隙岩溶水

该类型地下水主要为三叠系及二叠系的碳酸盐岩溶隙，在溶孔及岩溶管道系统中。岩性则以灰岩、白云质灰岩为主，岩溶现象发育，常发育有溶洞，成为地下水富集和运移的主要管道；地下水主要通过岩溶洼地和落水洞接受降雨补给，沿溶洞、溶蚀裂隙径流，以暗河或泉群的形式出露。

2）地下水的补径排条件

研究区地下水主要接受大气降雨的补给，其补排条件受构造、岩性、地貌，尤其是长江、大宁河及水文网的控制。大气降水补给松散岩类孔隙潜水或基岩风化裂隙水后，经孔隙或风化网状裂隙作短途迳流后，于长江、大宁河及其他河流岸边等地势低洼处以下降泉的形式排泄。裂隙岩溶水主要通过溶蚀、洼地、落水洞、漏斗汇集地表水，经溶蚀管道作较长时间的迳流于江河两岸以泉群或暗河的形式排泄。由于岩溶管道之间连通性较差，因此，各出水点的高程和水量有较大变化。

2.2.6 工程地质

1)工程地质概况

区域工程地质条件的好坏取决于岩性、构造、地貌因素的组合关系。研究区岩性区域分布特征明显,由老至新分布情况如下:

①志留系下统小河坝(S_1x)和韩家店组(S_1h)是以粉砂岩、泥质粉砂岩、砂岩为主的碎屑岩地层。岩性软弱,力学强度低,易风化破碎,易被降雨浸润软化和冲蚀,组成的斜坡表层普遍分布第四系残积、坡积和崩积的松散土石,多形成土质斜坡,易被降雨浸润软化和冲蚀,为易滑地层。区内 5 处滑坡均在该层位,以向家湾滑坡为典型。

②石炭系中统黄龙组+大铺组(C_2h+d)是以灰岩、灰泥灰岩、白云岩为主的碳酸盐地层,岩性坚硬,力学强度较高,但易风化。由于平均厚度不足 20 m,形成陡坎的高差不大,且测区出露极少。

③梁山组(P_2l)是以泥岩、石英砂岩为主的碎屑岩,平均厚度约 10 m,为上伏栖霞组及茅口组岩地层(研究区危岩发育的主要层位)的软弱层底座。

④栖霞组(P_2q)及茅口组(P_2m)是以含燧石条带团块的泥粒灰岩为主的碳酸盐地层,岩石较坚硬,力学强度较高,抗风化能力较强,常形成中山地貌区高陡的岩质斜坡及陡崖。它是区内危岩发育的主要层位,区内该层以神女溪电站危岩带为典型。

⑤吴家坪组(P_3w)是底部为泥页岩、煤层等为主的软弱煤系地层,构成陡崖底座,上部为厚层块状灰岩质地坚硬,节理十分发育,多形成陡崖。区内该层以望峡危岩为典型。

⑥大隆组(P_3d)是以薄层的硅质岩、泥灰岩、硅质灰岩为主的碳酸盐地层,风化后成碎块状,岩石较硬。

⑦大冶组(T_1d)及嘉陵江组(T_1j)为碳酸盐岩夹少量碎屑岩,岩石较坚硬,力学强度较高,抗风化能力较强,常形成中山地貌区高陡的岩质斜坡及陡崖,区内该层以龚家坊-独龙的不稳定斜坡及危岩带为典型。

综上所述,研究区的工程地质条件较差,砂泥岩岩性软弱,力学强度低,易风化破碎,易被降雨浸润软化和冲蚀而形成滑坡、泥石流等地质灾害;灰岩地层易出现溶蚀作用,所含软弱夹层易出现差异风化,易造成崩塌等地质灾害,研究区工程灾害特征与工程地质条件如图2.9所示。

图2.9　研究区工程灾害特征与工程地质条件

2)岩组划分

根据岩性综合体的划分方法,可将研究区内岩性综合体划分为9类,各岩组名称、主要岩性、地层及工程地质特征,见表2.2,各岩组地理位置分布图,如图2.10所示。

表 2.2 研究区岩性综合体划分表

编号	岩组名称	主要岩性	地层	工程地质特征
1	松散类岩岩组	第四系残坡积、崩坡积、人工堆积、冲洪积等土层	Q_4	第四系土层中厚、中密,雨水冲刷后易发生局部溜滑
2	较硬～坚硬中薄～厚层状碳酸岩岩组	灰岩、白云岩、岩溶角砾岩	T_1j^2 T_1j^4 P_3w	岩体总体强度较高,块状盐溶角砾岩强度相对偏低,T_1j^4盐溶作用强烈,节理裂隙较为发育,为易崩地层
3	较硬～较软薄～中层状碳酸岩岩组	灰岩、白云岩、泥灰岩	T_1j^1 T_1j^3	多呈灰岩、泥灰岩互层,夹少量白云岩,表面风化呈碎块-碎裂状,为易崩地层
4	较硬～较软中厚层状灰岩夹软弱泥岩岩组	灰岩、泥质灰岩、灰泥灰岩、泥岩	T_1d	水平层理发育,表面风化后较为破碎,为易崩地层
5	较软～软薄～中层状灰岩砂岩夹软泥岩岩组	泥灰岩、泥岩粉砂岩、泥岩、少量硅质岩	P_3d P_2g	风化后破碎,作为下卧层,泥灰岩、砂泥岩互层,夹杂少量硅质岩,上部岩层易发生崩塌
6	较硬～坚硬厚～巨厚层状碳酸岩岩组	灰岩、白云岩	P_2m P_2q	岩石强度高,风化掉块严重,为易崩地层
7	坚硬～较硬中层状砂岩夹软泥岩岩组	石英砂岩、泥岩	P_2l S_1x S_1h	P_2l含煤线,泥岩含炭质,风化后极为破碎;S_1x+h地层上残坡积发育,为区内易滑地层
8	坚硬中～厚层状砂岩、白云岩岩组	白云岩、灰质白云岩、粗砂岩、石英砂岩	C_2h+d	岩石强度高,岩石较为完整
9	坚硬中厚～块状砂岩岩组	石英砂岩、粉砂岩	D_2y	岩石强度高,岩石完整

图2.10 研究区工程地质岩组分布图

2.3 研究区地质灾害

2.3.1 研究区地质灾害总体情况

研究区为三峡库区典型的高陡岸坡区域,地质灾害频发,目前已经发现的地质灾害隐患点 194 处,包括滑坡 18 处、危岩带及崩滑体 12 处,危岩单体 164 处,各隐患点位置分布情况,如图 2.11 所示,各隐患点详细信息见表 2.3。区内滑坡灾害主要集中在巫峡下口至神女峰景区一带的长江左右两岸,区内滑坡总体稳定性较好,临江的部分坡角陡峭的滑坡失稳后有形成涌浪的可能,将威胁到长江航道。区内危岩带的规模为小–特大型危岩带,危岩单体主要为稳定–基本稳定状态,失稳后可能对威胁范围内的居民及长江航道带来安全威胁,危害性较大。区内库岸再造模式以坍塌型及冲蚀剥蚀型为主,其中,龚家坊–独龙一带库岸及神女峰剪刀峰一带的库岸稳定性差,成灾模式为崩塌–涌浪型,对河流影响大,危害性大。

2.3.2 重点研究区库岸灾害情况

重点研究区位于巫峡峡谷段,长江河道较窄,145 m 水位时河道一般宽为 380 ~ 500 m,江水抬升至 175 m 附近后,江面平均加宽 40 ~ 142 m。区内不良地质现象主要为不稳定岸坡和危岩,岸坡主要是岩质岸坡,在局部库岸段(龚家坊 3 号及独龙 4 号和 5 号)为土质库岸。岸坡结构类型主要为反向坡,局部为横向坡。2008 年 11 月 23 日,该段库岸的龚家坊 2 号斜坡(G2)发生崩滑,产生的涌浪高约 13 m,并在上游约 3 km 的巫山县城码头形成了高约 3 m 的涌浪,2009 年 5 月 18 日,龚家坊 2 号滞留危岩体再次发生崩塌,总方量约 1.5 万 m³,产生的涌浪高 5 m,巫山港涌浪高约 1 m。2010—2012 年完成了龚家坊 2 号斜坡的治理施工,2013—2014 年完成了茅草坡 4 号库岸的治理工作,2016 年完成了茅草坡 3 号库岸的治理工作。重点研究区龚家坊至独龙段库岸自江面到一级分水岭共发育二级陡崖,陡崖危岩发育,现场调查发现共发育 31 处危岩单体,单体体积为 16 ~ 5 000 m³,总体积为 30 618 m³,为特大型危岩带,如图 2.12 所示。

三峡库区高陡岩质岸坡监测预警与风险管控
SANXIA KUQU GAODOU YANZHI ANPO JIANCE YUJING YU FENGXIAN GUANKONG

图2.11　研究区地质灾害隐患点分布图

· 36 ·

表 2.3 研究区地质灾害基本情况表

图上编号	地质灾害点名称	类型	发育地层	体积估算/(×10⁴ m³)	地灾规模	前缘高程/m	后缘高程/m	崩滑方向/(°)	现状稳定性
1	龚家坊崩滑体	滑坡	T_1	33.120	中型	145	410	167	稳定
2	龚家坊至独龙北区危岩带-W05	危岩单体	T_1j^3	0.030	小型	278	270	186	基本稳定
3	龚家坊至独龙北区危岩带-W06	危岩单体	T_1d^3	0.144	中型	200	216	185	基本稳定
4	龚家坊至独龙北区危岩带-W07	危岩单体	T_1d^3	0.042	小型	203	213	160	稳定
5	龚家坊至独龙北区危岩带-W08	危岩单体	T_1j^1	0.048	小型	382	394	152	基本稳定
6	龚家坊至独龙北区危岩带-W09	危岩单体	T_1j^3	0.272	中型	520	540	173	稳定
7	龚家坊至独龙北区危岩带-W10	危岩单体	T_1j^4	0.010	小型	746	750	162	基本稳定
8	龚家坊至独龙北区危岩带-W11	危岩单体	T_1j^4	0.010	小型	771	776	171	基本稳定
9	龚家坊至独龙北区危岩带-W12	危岩单体	T_1j^4	0.006	小型	770	782	140	基本稳定
10	龚家坊至独龙北区危岩带-W13	危岩单体	T_1j^4	0.420	中型	780	801	174	基本稳定
11	龚家坊至独龙北区危岩带-W14	危岩单体	T_1j^4	0.020	小型	766	770	163	稳定
12	龚家坊至独龙北区危岩带-W15	危岩单体	T_1j^4	0.002	小型	801	805	185	基本稳定
13	龚家坊至独龙北区危岩带-W16	危岩单体	T_1j^4	0.400	中型	720	770	185	基本稳定
14	龚家坊至独龙北区危岩带-W17	危岩单体	T_1j^1	0.009	小型	345	355	196	稳定
15	龚家坊至独龙北区危岩带-W18	危岩单体	T_1j^1	0.017	小型	360	371	175	基本稳定

续表

图上编号	地质灾害点名称	类型	发育地层	体积估算 /(×10⁴m³)	地灾规模	前缘高程 /m	后缘高程 /m	崩滑方向 /(°)	现状稳定性
16	龚家坊至独龙北区危岩带-W19	危岩单体	T_1j^2	0.096	小型	420	432	176	稳定
17	龚家坊至独龙北区危岩带-W20	危岩单体	T_1j^2	0.096	小型	442	454	150	稳定
18	龚家坊至独龙北区危岩带-W21	危岩单体	T_1d^3	0.003	小型	226	230	140	基本稳定
19	龚家坊至独龙北区危岩带-W22	危岩单体	T_1d^4	0.420	中型	300	320	170	基本稳定
20	龚家坊至独龙北区危岩带-W23	危岩单体	T_1j^4	0.025	小型	880	890	176	稳定
21	龚家坊至独龙北区危岩带-W24	危岩单体	T_1j^4	0.500	中型	930	980	180	基本稳定
22	龚家坊至独龙北区危岩带-W25	危岩单体	T_1j^4	0.200	中型	1 000	1 020	220	基本稳定
23	龚家坊至独龙北区危岩带-W26	危岩单体	T_1j^3	0.100	中型	1 010	1 030	220	基本稳定
24	龚家坊至独龙北区危岩带-W27	危岩单体	T_1j^3	0.020	小型	1 080	1 098	120	基本稳定
25	龚家坊至独龙北区危岩带-W28	危岩单体	T_1j^3	0.030	小型	1 095	1 105	175	潜在不稳定
26	龚家坊至独龙北区危岩带-W29	危岩单体	T_1j^3	0.030	小型	1 105	1 115	175	基本稳定
27	龚家坊至独龙北区危岩带-W30	危岩单体	T_1j^3	0.053	小型	1 100	1 125	175	基本稳定
28	龚家坊至独龙北区危岩带-W31	危岩单体	T_1j^3	0.060	小型	1 110	1 125	175	基本稳定
29	神女峰电站西危岩带-W32	危岩单体	P_2m	0.007	小型	409	413	188	基本稳定
30	神女峰电站西危岩带-W33	危岩单体	P_2m	0.013	小型	439	446	195	基本稳定

序号	名称	类型	地层	体积/万m³	规模				稳定性
31	神女峰电站西危岩带-W34	危岩单体	P_2q	0.600	中型	337	367	154	基本稳定
32	神女峰电站西危岩带-W35	危岩单体	P_2q	2.592	大型	328	382	84	基本稳定
33	神女峰电站西危岩带-W36	危岩单体	P_2q	3.888	大型	248	329	103	基本稳定
34	神女峰电站西危岩带-W37	危岩单体	P_2m	0.100	中型	385	395	103	基本稳定
35	神女峰电站西危岩带-W38	危岩单体	P_2m	0.100	中型	389	399	96	基本稳定
36	神女峰电站危岩带-W39	危岩单体	P_2q	0.378	中型	330	350	220	基本稳定
37	神女峰电站危岩带-W40	危岩单体	P_2q	0.352	中型	400	420	220	基本稳定
38	神女峰电站危岩带-W41	危岩单体	P_2m	0.200	中型	560	590	202	基本稳定
39	神女峰电站危岩带-W42	危岩单体	P_2m	0.150	中型	590	615	202	基本稳定
40	神女峰电站危岩带-W43	危岩单体	P_2m	0.053	小型	600	620	223	基本稳定
41	神女峰电站危岩带-W44	危岩单体	P_2q	0.054	小型	460	475	210	基本稳定
42	三匹梁子危岩带-W45	危岩单体	P_2m	0.056	小型	734	748	201	基本稳定
43	三匹梁子危岩带-W46	危岩单体	P_2m	0.005	小型	739	745	195	基本稳定
44	三匹梁子危岩带-W47	危岩单体	P_2m	0.016	小型	743	753	181	基本稳定
45	三匹梁子危岩带-W48	危岩单体	P_2m	0.003	小型	811	816	156	基本稳定
46	三匹梁子危岩带-W49	危岩单体	P_2m	0.015	小型	780	790	156	基本稳定
47	桃树梁子危岩带	危岩	S_1h	1.200	中型	935	1 000	170	稳定
48	神女峰电站滑坡	滑坡		62.804	中型	100	305	265	稳定

续表

图上编号	地质灾害点名称	类型	发育地层	体积估算/(×10⁴ m³)	地灾规模	前缘高程/m	后缘高程/m	崩滑方向/(°)	现状稳定性
49	横石溪东滑坡	滑坡	$S_1 h$	166.050	大型	150	375	213	稳定
50	鹰嘴岩危岩	危岩	$P_2 q$	7.020	中型	970	1 050	218	稳定
51	庙鸡子危岩带-W50	危岩单体	$P_2 q$	1.500	大型	875	920	210	稳定
52	向家湾滑坡	滑坡	$S_1 x + h$	279.456	大型	90	285	231	稳定
53	望霞危岩	危岩	$P_3 w$	42.000	大型	1 130	1 225	231	稳定
54	望霞危岩东段陡崖区-W51	危岩单体	$P_3 w$	0.006	小型	1 048	1 070	215	基本稳定
55	望霞危岩东段陡崖区-W52	危岩单体	$P_3 w$	0.004	小型	1 048	1 070	215	基本稳定
56	望霞危岩东段陡崖区-W53	危岩单体	$P_3 w$	0.009	小型	1 204	1 219	195	基本稳定
57	马脚里危岩带-W54	危岩单体	$P_2 m$	7.200	大型	1 039	1 079	235	基本稳定
58	马脚里危岩带-W55	危岩单体	$P_2 m$	0.315	中型	780	801	271	基本稳定
59	马脚里危岩带-W56	危岩单体	$P_2 m$	0.156	中型	971	997	210	基本稳定
60	马脚里危岩带-W57	危岩单体	$P_2 m$	0.060	小型	966	982	290	基本稳定
61	马脚里危岩带-W58	危岩单体	$P_2 m$	0.048	小型	961	977	290	基本稳定
62	马脚里危岩带-W59	危岩单体	$P_2 m$	0.150	中型	888	903	275	基本稳定
63	箭穿洞西危岩带-W60	危岩单体	$T_1 d^4$	0.040	小型	174	182	245	基本稳定
64	箭穿洞西危岩带-W61	危岩单体	$T_1 d^4$	0.460	中型	160	183	225	基本稳定

序号	名称	类型	地层		规模				稳定性
65	箭穿洞西危岩带-W62	危岩单体	T_1j^1	0.010	小型	408	418	222	基本稳定
66	箭穿洞西危岩带-W63	危岩单体	T_1d^4	0.037	小型	182	205	195	基本稳定
67	箭穿洞危岩-W64	危岩单体	T_1d^4	4.500	大型	153	267	320	潜在不稳定
68	剪刀峰危岩	危岩	T_1j^4	31.500	大型	460	675	294	基本稳定
69	望霞小学滑坡	滑坡	$C+D+P_2$	13.350	中型	600	625	265	稳定
70	猴子包南崩滑体	滑坡	S_1x+h	76.649	中型	90	320	224	基本稳定
71	关牛牵崩塌	危岩	P_3w	2.160	中型	710	800	271	潜在不稳定
72	烂泥湖东危岩-W65	危岩单体	T_1j^4	0.021	小型	460	467	195	基本稳定
73	烂泥湖东危岩-W66	危岩单体	T_1j^2	0.036	小型	205	217	210	基本稳定
74	石家坝危岩-W67	危岩单体	T_1j^3	0.057	小型	517	530	145	基本稳定
75	石家坝危岩-W68	危岩单体	T_1j^4	0.003	小型	744	751	221	基本稳定
76	石家坝危岩-W69	危岩单体	T_1j^4	0.009	小型	755	765	196	基本稳定
77	石家坝危岩-W70	危岩单体	T_1j^4	0.020	小型	757	767	140	基本稳定
78	望江台危岩带-W71	危岩单体	T_1j^3	0.023	小型	169	191	235	基本稳定
79	望江台危岩带-W72	危岩单体	T_1j^3	0.252	中型	155	200	224	基本稳定
80	望江台危岩带-W73	危岩单体	T_1j^4	0.144	中型	362	382	125	基本稳定
81	望江台危岩带-W74	危岩单体	T_1j^4	0.036	小型	422	442	80	基本稳定
82	望江台危岩带-W75	危岩单体	T_1j^4	0.180	中型	459	469	65	基本稳定

续表

图上编号	地质灾害点名称	类型	发育地层	体积估算/($\times10^4 m^3$)	地灾规模	前缘高程/m	后缘高程/m	崩滑方向/(°)	现状稳定性
83	望江台危岩带-W76	危岩单体	T_1j^4	0.024	小型	274	280	190	基本稳定
84	安亭子危岩带-W77	危岩单体	T_1j^4	0.017	小型	154	166	135	基本稳定
85	安亭子危岩带-W78	危岩单体	T_1j^4	0.375	中型	155	180	195	基本稳定
86	浸水湾危岩带	危岩	T_1j^4	0.500 0	小型	190	220	4	基本稳定
87	黄岩窝危岩带 W01-1	危岩单体	T_1j^4	0.561 6	小型	210	246	10	基本稳定
88	黄岩窝危岩带 W01-2	危岩单体	T_1j^4	7.365 6	中型	150	260	5	基本稳定
89	黄岩窝危岩带 W01-3	危岩单体	T_1j^4	1.680 0	中型	150	225	5	基本稳定
90	黄岩窝危岩带 W01-4	危岩单体	T_1j^4	0.975 0	小型	150	215	5	基本稳定
91	黄岩窝危岩带 W01-5	危岩单体	T_1j^4	0.495 0	小型	150	205	5	基本稳定
92	黄岩窝危岩带 W01-6	危岩单体	T_1j^4	1.365 0	中型	150	215	5	基本稳定
93	黄岩窝危岩带 W01-7	危岩单体	T_1j^4	2.760 0	中型	150	210	5	基本稳定
94	黄南背危岩带	危岩	T_1j^4	22.050 0	大型	145	210	5	基本稳定
95	黄南背危岩 W02	危岩单体	T_1j^4	0.105 3	小型	190	216	15	基本稳定
96	黄南背危岩 W03	危岩单体	T_1j^4	0.345 8	小型	145	173	5	基本稳定
97	黄南背西危岩 W04	危岩单体	T_1j^4	1.584 0	中型	235	173	355	基本稳定

98	黄南背西危岩带	危岩	T_{1l}^4	9.450 0	中型	200	280	355	基本稳定
99	黄南背西危岩 W05	危岩单体	T_{1l}^4	24.000 0	大型	200	260	355	基本稳定
100	史家嘴危岩 W06	危岩单体	T_{1l}^4	2.703 8	中型	150	222	340	基本稳定
101	史家嘴危岩 W07	危岩单体	T_{1l}^4	0.165 6	小型	181	204	340	基本稳定
102	条子石危岩 W08	危岩单体	T_{1l}^4	2.812 5	中型	145	225	350	基本稳定
103	南山内危岩 W09	危岩单体	T_{1l}^4	0.099 5	小型	221	247	0	基本稳定
104	南山内危岩 W10	危岩单体	T_{1l}^3	0.074 8	小型	178	224	8	基本稳定
105	南山内危岩 W11	危岩单体	T_{1l}^3	0.032 2	小型	197	225	8	基本稳定
106	南山内危岩 W12	危岩单体	T_{1l}^3	0.026 7	小型	163	191	8	基本稳定
107	南山内危岩 W13	危岩单体	T_{1l}^3	36.000 0	大型	150	220	355	基本稳定
108	南山内危岩 W14	危岩单体	T_{1l}^3	0.035 0	小型	181	218	353	基本稳定
109	南山内危岩 W15	危岩单体	T_{1l}^3	1.458 6	中型	178	310	87	基本稳定
110	南山内危岩 W16	危岩单体	T_{1l}^3	0.988 0	小型	150	276	0	基本稳定
111	南山内危岩 W17	危岩单体	T_{1l}^3	0.973 1	小型	151	264	0	基本稳定
112	南山内危岩 W18	危岩单体	T_{1l}^3	1.792 0	中型	150	262	12	基本稳定
113	南山内危岩 W19	危岩单体	T_{1l}^3	3.439 8	中型	145	183	8	基本稳定
114	青岩子危岩 W20	危岩单体	T_{1l}^3	0.047 7	小型	213	242	350	基本稳定
115	青岩子危岩 W21	危岩单体	T_{1l}^3	0.043 1	小型	218	248	350	基本稳定

续表

图上编号	地质灾害点名称	类型	发育地层	体积估算/(×10⁴ m³)	地灾规模	前缘高程/m	后缘高程/m	崩滑方向/(°)	现状稳定性
116	青岩子危岩 W22	危岩单体	T_1j^3	0.021 4	小型	206	233	350	基本稳定
117	青岩子危岩 W23	危岩单体	T_1j^3	0.570 4	小型	175	272	350	基本稳定
118	青岩子危岩 W24	危岩单体	T_1j^3	0.060 8	小型	203	230	0	基本稳定
119	青岩子危岩 W25	危岩单体	T_1j^3	0.724 5	小型	175	217	85	基本稳定
120	青岩子危岩 W26	危岩单体	T_1j^3	0.643 5	小型	152	217	5	基本稳定
121	青岩子危岩 W27	危岩单体	T_1j^3	0.262 5	小型	241	266	350	基本稳定
122	青岩子危岩 W28	危岩单体	T_1j^3	0.910 8	小型	175	247	320	基本稳定
123	青岩子危岩 W29	危岩单体	T_1j^3	2.750 0	中型	150	223	0	基本稳定
124	青岩子危岩 W30	危岩单体	T_1j^3	0.017 5	小型	197	216	0	基本稳定
125	青岩子危岩 W31	危岩单体	T_1j^3	0.091 0	小型	153	170	3	基本稳定
126	小道坪危岩 W32	危岩单体	T_1j^3	0.006 0	小型	190	200	70	基本稳定
127	小道坪危岩 W33	危岩单体	T_1j^3	0.008 0	小型	168	176	45	基本稳定
128	小道坪危岩 W34	危岩单体	T_1j^3	0.600 0	小型	145	195	0	基本稳定
129	小道坪危岩 W35	危岩单体	T_1j^3	9.300 0	中型	200	275	0	基本稳定
130	青石危岩 W36	危岩单体	T_1j^3	4.586 4	中型	312	377	87	基本稳定

131	青石危岩 W37	危岩单体	$T_1 j^3$	0.199 6	小型	542	588	354	基本稳定
132	青石危岩 W38	危岩单体	$T_1 j^3$	1.007 8	中型	537	605	7	基本稳定
133	青石危岩 W39	危岩单体	$T_1 j^3$	0.722 7	小型	512	585	340	基本稳定
134	授书台危岩 W40	危岩单体	$T_1 j^3$	0.600 0	小型	200	220	65	基本稳定
135	四号冲沟上部危岩 W41	危岩单体	$T_1 j^3$	1.030 4	中型	386	409	65	基本稳定
136	9 号冲沟危岩 W42	危岩单体	$T_1 j^3$	4.200 0	中型	145	265	15	基本稳定
137	半月边上部危岩 W43	危岩单体	$P_2 q$	0.806 4	小型	486	507	45	基本稳定
138	半月边上部危岩 W44	危岩单体	$P_2 q$	0.183 0	小型	524	547	45	基本稳定
139	老鼠错上部危岩 W45	危岩单体	$C_2 h+d$	0.726 0	小型	330	440	45	基本稳定
140	老鼠错上部危岩 W46	危岩单体	$P_2 q$	2.014 0	中型	732	785	45	基本稳定
141	倒座层上部危岩 W47	危岩单体	$C_2 h+d$	7.200 0	小型	490	580	70	基本稳定
142	清溪河滑坡	滑坡	$T_1 d^3$	89.760 0	中型	125	320	350	基本稳定
143	长石滑坡	滑坡	$T_1 d$	91.200 0	中型	140	415	355	基本稳定
144	龙洞西滑坡	滑坡	$P_2 q+m$	15.120 0	中型	90	195	350	基本稳定
145	龙洞滑坡	滑坡	$P_2 l+m$	2.250 0	小型	170	280	358	基本稳定
146	鸭浅弯崩滑体	滑坡	P_2+C+D	650.000 0	大型	75	600	338	基本稳定
147	鸦鹊弯滑坡	滑坡	$S_1 h$	118.400 0	大型	140	302	26	基本稳定
148	干井子滑坡	滑坡	$S_1 x+h$	200.000 0	大型	140	395	351	基本稳定

续表

图上编号	地质灾害点名称	类型	发育地层	体积估算/(×10⁴m³)	地灾规模	前缘高程/m	后缘高程/m	崩滑方向/(°)	现状稳定性
149	白鹤坪崩滑体	滑坡	$P_2+C+D+S_1$	2300.0000	特大型	145	805	340	基本稳定
150	老鼠错崩滑体	滑坡	S_1h	58.4600	中型	145	260	48	基本稳定
151	陈家屋场滑坡	滑坡	P_2	330.0000	大型	515	730	350	基本稳定
152	夏湾滑坡	滑坡	P_2g	10.9200	中型	715	753	330	基本稳定
153	上白鹤坪滑坡	滑坡	P_3w+P_2g	20.4000	中型	720	855	127	基本稳定
154	笔架山危岩带-W01	危岩单体	P_2q	0.0244	小型	765	778	58	基本稳定
155	笔架山危岩带-W02	危岩单体	P_2q	0.0334	小型	755	774	50	基本稳定
156	笔架山危岩带-W03	危岩单体	P_2q	0.0499	小型	752	768	52	基本稳定
157	笔架山危岩带-W04	危岩单体	P_2q	0.0500	小型	740	760	55	基本稳定
158	笔架山危岩带-W05	危岩单体	P_2q	0.9100	小型	800	840	5	潜在不稳定
159	笔架山危岩带-W06	危岩单体	C_2h+d	0.3000	小型	690	740	5	潜在不稳定
160	笔架山危岩带-W07	危岩单体	C_2h+d	0.0161	小型	645	670	5	潜在不稳定
161	笔架山危岩带-W08	危岩单体	D_2y	0.1620	小型	500	545	34	潜在不稳定
162	笔架山危岩带-W09	危岩单体	P_2m	0.0096	小型	800	820	50	潜在不稳定
163	笔架山危岩带-W10	危岩单体	P_2m	0.0105	小型	835	850	50	基本稳定
164	笔架山危岩带-W11	危岩单体	P_2m	0.0111	小型	827	840	13	潜在不稳定

165	笔架山危岩带-W12	危岩单体	P_2m	0.000 9	小型	827	830	14	潜在不稳定
166	笔架山危岩带-W13	危岩单体	P_2m	0.041 3	小型	811	844	15	基本稳定
167	笔架山危岩带-W14	危岩单体	P_2m	0.002 4	小型	815	818	20	潜在不稳定
168	笔架山危岩带-W15	危岩单体	P_2m	0.319 2	小型	800	820	14	基本稳定
169	笔架山危岩带-W16	危岩单体	P_2m	0.011 9	小型	785	792	14	基本稳定
170	笔架山危岩带-W17	危岩单体	P_2m	0.008 1	小型	780	786	14	基本稳定
171	笔架山危岩带-W18	危岩单体	P_2m	0.007 2	小型	775	780	12	基本稳定
172	笔架山危岩带-W19	危岩单体	P_2m	0.019 8	小型	768	774	10	潜在不稳定
173	笔架山危岩带-W20	危岩单体	P_2m	0.135 0	小型	740	770	41	基本稳定
174	笔架山危岩带-W21	危岩单体	P_2m	0.182 0	小型	705	745	55	潜在不稳定
175	笔架山危岩带-W22	危岩单体	P_2m	0.010 0	小型	725	732	53	基本稳定
176	笔架山危岩带-W23	危岩单体	P_2m	0.025 9	小型	700	720	50	潜在不稳定
177	笔架山危岩带-W24	危岩单体	D_2y	0.034 4	小型	429	515	14	潜在不稳定
178	笔架山危岩带-W25	危岩单体	D_2y	0.022 4	小型	520	540	13	潜在不稳定
179	笔架山危岩带-W26	危岩单体	D_2y	0.001 5	小型	587	592	3	潜在不稳定
180	笔架山危岩带-W27	危岩单体	D_2y	0.001 3	小型	496	500	3	潜在不稳定
181	笔架山危岩带-W28	危岩单体	P_2m	0.120 0	小型	820	850	13	潜在不稳定
182	笔架山危岩带-W29	危岩单体	P_2m	0.147 2	小型	723	755	5	潜在不稳定

续表

图上编号	地质灾害点名称	类型	发育地层	体积估算 /($\times 10^4$ m^3)	地灾规模	前缘高程 /m	后缘高程 /m	崩滑方向 /(°)	现状稳定性
183	笔架山危岩带-W30	危岩单体	P$_2$m	0.231 3	小型	733	770	55	潜在不稳定
184	笔架山危岩带-W31	危岩单体	P$_2$m	0.198 0	小型	635	690	60	基本稳定
185	笔架山危岩带-W32	危岩单体	P$_2$m	0.005 3	小型	772	778	40	基本稳定
186	笔架山危岩带-W33	危岩单体	P$_2$m	0.010 3	小型	771	780	40	基本稳定
187	笔架山危岩带-W34	危岩单体	P$_2$m	0.004 6	小型	768	776	40	基本稳定
188	笔架山危岩带-W35	危岩单体	P$_2$m	0.001 8	小型	770	774	40	基本稳定
189	笔架山危岩带-W36	危岩单体	D$_2$y	0.012 6	小型	522	542	35	潜在不稳定
190	笔架山危岩带-W37	危岩单体	D$_2$y	0.039 4	小型	470	555	35	潜在不稳定
191	手爬岩危岩带	危岩	P$_2$m	30.000 0	大型	400	530	30	基本稳定
192	和尚背尼姑危岩	危岩	P$_3$w	37.800 0	大型	770	890	85	潜在不稳定
193	庙梁子危岩带	危岩	P$_3$w	64.000 0	大型	795	900	24	潜在不稳定
194	菁岩子东危岩带	危岩	T$_1$j^3	9.630 0	中型	175	210	346	基本稳定

第2章　研究区概况

图 2.12　重点研究区不稳定斜坡分布情况

区内典型不稳定斜坡的特征如下：

（1）龚家坊 1 号斜坡（G1）

龚家坊 1 号斜坡与龚家坊 2 号斜坡相邻，位于其下游。坡体两侧以季节性冲沟为界，中部为一季节性冲沟，前缘为长江。斜坡东西两侧为隆起的脊状地形，前缘高程为 90～100 m，后部高程为 456 m，相对高差为 366 m。斜坡平面形态呈钟形，其前缘宽为 254 m，中部宽为 243 m，后缘宽为 107 m，纵向长（斜长）为 506 m，地形坡角总体较陡，坡角平均 45°，最大 62°，为岩土质斜坡。该斜坡坡面分布碎石体，厚为 2～5 m，分布范围较大。库岸的破坏模式为冲蚀剥蚀型和滑移型两种类型。预测结果表明 G1 号斜坡在 175 m 水位以上塌岸宽度为 26.63～71.46 m，塌岸上边界高程为 199.33～263.45 m，塌岸强度为强烈。龚家坊 1 号斜坡全貌及局部坍塌特征如图 2.13 所示。

（2）龚家坊 3 号斜坡（G3）

龚家坊 3 号斜坡与龚家坊 2 号斜坡相邻，位于其下游。坡体边界以土岩接触为界，前缘为长江。斜坡前缘高程为 100～120 m，后缘高程为 420 m，相对高差为 320 m。斜坡平面形态呈不规则状，其前缘宽 464 m，中部宽 445 m，后缘宽 58 m，纵向长（斜长）510 m，地形坡角总体为 30°～45°，斜坡方向为 163°，为土质斜坡，在暴雨及库水位升降的情况下，斜坡处于基本稳定状态，局部处于欠稳定状态，有可能发生整体变形，逐步分级滑移，库岸两侧稳定性差。龚家坊 3 号斜坡全貌及局部坍塌特征如图 2.14 所示。

（a）斜坡全貌　　　　　　　　　　（b）局部坍塌特征

图 2.13　龚家坊 1 号斜坡全貌及局部坍塌特征

（a）斜坡全貌　　　　　　　　　　（b）局部坍塌特征

图 2.14　龚家坊 3 号斜坡全貌及局部坍塌特征

（3）龚家坊 5 号斜坡（G5）

东西两侧均为季节性冲沟，中部有两条季节性冲沟，前缘为长江。斜坡前缘高程为 100～145 m，后部高程为 402 m，相对高差为 302 m。斜坡平面形态呈弧形，宽约 350 m，坡角 51°～62°，中后部坡角 34°～42°，面积（斜面积）约 11.31 万 m²，斜坡方向 177°。该岸坡为岩质库岸，表层岩体破碎。破坏模式为冲蚀剥蚀型。预测库岸 175 m 水位线上塌岸宽度为 19.44～35.43 m，塌岸上界高程为 194.07～223.66 m，塌岸影响较强烈～强烈。龚家坊 5 号斜坡全貌及临江弯折破碎岩体如图 2.15 所示。

（4）茅草坡 2 号斜坡（M2）

坡体两侧以季节性冲沟为界，坡脚为长江。斜坡地形北高南低，前缘高程为 100 m，后缘高程为 318 m，相对高差为 218 m。斜坡平面形态呈"长舌"状，其前缘宽 115 m，中部宽 105 m，后缘宽 50 m，纵向长（斜长）为 327 m，地形前缘较陡，坡角 55°，中部坡角 35°～44°，后缘坡角为 38°，斜坡方向为 150°。该滑坡为岩质库岸，

(a) 斜坡全貌　　　　　　　　　(b) 临江弯折破碎岩体

图2.15　龚家坊5号斜坡全貌及临江弯折破碎岩体

库岸分布少量土体,土体薄,分布范围小,属于冲蚀剥蚀型塌岸。勘查结论表明,该岸坡175 m水位以上塌岸宽度为37.66～54.16 m,塌岸上边界高程为208.29～219.62 m,库岸塌岸的强烈程度为强烈。茅草坡2号斜坡全貌及局部坍塌特征如图2.16所示。

(a) 斜坡全貌　　　　　　　　　(b) 局部坍塌特征

图2.16　茅草坡2号斜坡全貌及局部坍塌特征

(5) 独龙2号斜坡(D2)

坡体两侧以季节性冲沟为界,中部有4条季节性小冲沟,前缘为长江。斜坡地形北高南低,前缘高程80～90 m,后缘高程650 m,相对高差570 m。斜坡平面形态呈喇叭状,其中,前部宽302～377 m,后缘宽125 m,纵向长(斜长)645 m,地形总体较陡,坡角43°～49°,面积(斜面积)约26.6万 m²,斜坡方向173°。该坡体主要为岩质库岸,部分段属岩土质库岸,但土体薄,分布范围小。库岸的破坏模式分为坍(崩)塌型和冲蚀剥蚀型两种类型。局部段表层土体存在滑移型塌岸,预测库岸175 m水位以上塌岸宽度为18.55～39.03 m,塌岸上边界高程为189.21～212.70 m。

独龙 2 号斜坡全貌及局部坍塌特征如图 2.17 所示。

（a）斜坡全貌　　　　　　　　　　　　　　（b）局部坍塌特征

图 2.17　独龙 2 号斜坡全貌及局部坍塌特征

（6）独龙 3～5 号斜坡（D3～D5）

独龙 3～5 号斜坡群与独龙 2 号斜坡相邻,位于其下游。相邻两斜坡之间以季节性冲沟为界面,前缘为长江。斜坡地形北高南低,前缘高程为 88～90 m,后缘高程为 357～612 m,相对高差为 338～532 m,以岩质或岩土质为主,破坏模式主要为冲蚀剥蚀型。其中,D3 斜坡平面形态呈纵长形,斜坡前后窄中部宽,地形坡角前缘较陡约45°,中后部坡角为 38°～39°,面积（斜面积）约 2.92 万 m²,为岩质斜坡;D4 斜坡中前部窄后缘宽,地形坡角前、后缘较陡为 48°～55°,中部缓坡角为 37°。面积（斜面积）约 10.8 万 m²,为岩土质斜坡;D5 斜坡平面形态呈纵长形,其宽为 71～78 m,纵向长（斜长）582 m,地形总体坡角约48°,面积（斜面积）约 3.08 万 m²,为岩质斜坡。独龙 3～5 号斜坡全貌及局部破坏特征如图 2.18 所示。

（7）独龙 8 号斜坡（D8）

独龙 8 号斜坡在高程 480 m 处为一凹形槽,坡顶为一相对独立的块体。坡体两侧以季节性冲沟为界,中偏东侧有一季节性冲沟,东侧冲沟后缘为陡崖,前缘为长江。斜坡地形北高南低,前缘高程为 130 m,后缘高程为 662 m,相对高差为 532 m。斜坡平面形态呈不规则状,前缘宽后缘窄,中前部宽为 283～297 m,后部宽约为 109 m,最窄处为 49 m,纵向长（斜长）为 506 m,地形总体较陡,坡角一般为 51°～61°,后缘坡面外凸,面积（斜面积）约 12.6 万 m²,为岩土质斜坡。斜坡整体稳定性差,在库水、降雨作用下,整体可能沿外倾裂面及弯折面（卸荷带底界面）产生整体崩滑的可能性大,库岸 175 m 水位以上塌岸宽为 15.37～28.38 m,塌岸上边界高程为 193.81～212.94 m,塌岸影响较强烈～强烈。独龙 8 号斜坡全貌及局部坍塌特征如图 2.19 所示。

（a）斜坡全貌

（b）D4局部坍塌特征

（c）D5冲蚀孔洞

（d）D5局部坍塌特征

图2.18　独龙3~5号斜坡全貌及局部破坏特征

（a）斜坡全貌

（b）局部坍塌特征

图2.19　独龙8号斜坡全貌及局部坍塌特征

第3章 空-天-地多手段协同监测技术应用研究

　　三峡库区是典型的峡谷地貌,山高、坡陡、谷深且多以岩质岸坡为主,岸坡失稳破坏前兆信息微弱,灾害突发性强,以定点形变监测为主的常规监测方案面临选点困难,高陡区难以到达,缺乏对岸坡整体发展动态的感知,不能满足三峡库区高陡岩质岸坡及消落区地质灾害监测要求。本章结合三峡库区高陡岩质岸坡的特点,以长江巫峡段为重点研究区域,针对多种 InSAR 技术协同监测、地基雷达监测、微地震监测等新兴技术在三峡库区峡谷岸坡地质灾害监测方面的应用开展了系统研究,探寻各种监测手段在峡谷岸坡地质灾害监测过程中的优势与不足,并基于研究成果,建立了峡谷岸坡空-天-地多手段协同监测技术体系。

3.1　峡谷岸坡多种 InSAR 技术协同监测技术应用

　　合成孔径雷达干涉技术(Synthetic Aperture Radar Interferometry, InSAR)是一种新兴的空间对地观测技术,凭借全天候、全天时、高精度和覆盖面广等技术优势迅速得到发展。目前已广泛应用于城市地表沉降监测和地质灾害形变监测等领域。随着技术的进步,在 D-InSAR(差分干涉雷达测量技术)的基础上,陆续发展出 Stacking 技术(相位叠加技术)、IPTA 技术(干涉点目标分析技术)、SBAS 技术(小基线集干涉测量技术)、StaMPS-PS/DS 技术(斯坦福永久/分布式散射体分析技术)等。然而,因不同的 InSAR 处理技术有各自的优缺点,而存在不同的适用条件,尤其是三峡库区地形地貌条件、气象条件非常复杂,采用单一 InSAR 数据处理技术在三峡库区的地表形变识别效果不佳。因此,结合团队在三峡库区 InSAR 的地表形变识别的长期经验积累和研究,提出了多种 InSAR 技术协同监测的技术方案,并基于此对研究区内 2018—2020 年的地表变形进行监测分析。

3.1.1　不同 InSAR 技术在三峡库区的适用性分析

1)Stacking 技术

Stacking 技术是对 D-InSAR 技术所获取的解缠相位进行加权平均,相对于 D-InSAR 技术来说,Stacking 技术可以有效地抑制大气效应和 DEM 误差的影响,更加精确地获取地表形变。

具体方法是对单个解缠干涉图通过对时间基线进行加权求取平均值,设 $w_i = \Delta t^{-1}$,Δt 为单干涉组合的时间基线,以年计,则年沉降相位速率(ph_rate)为:

$$ph\_rate = \frac{\sum_{i=1}^{n} w_i \times ph_i}{\sum_{i=1}^{n} w_i} \tag{3.1}$$

式中　ph_i——单个干涉图的解缠相位值,从而可以获取年平均形变速率。

基于上述原理,Stacking 技术地表形变识别流程图,如图 3.1 所示。

通过 Stacking 技术获取研究区域的年均形变速率,相对于 D-InSAR 技术识别来说,Stacking 技术可以有效地抑制大气效应和 DEM 误差的影响。另外,相对于多时相的 PS-InSAR 技术来说,Stacking 技术可以在较少的数据基础上获取年平均形变速率,从而完成地表形变识别,并能更好地获取形变范围以及形变在空间上的形态特征。然而在部分植被覆盖茂密、干涉图质量较差以及形变区形变量较小的情况下,Stacking 技术也很难获取较好的探测结果。总结起来,针对三峡库区复杂地质环境和气象环境条件,Stacking 技术具有以下特点:

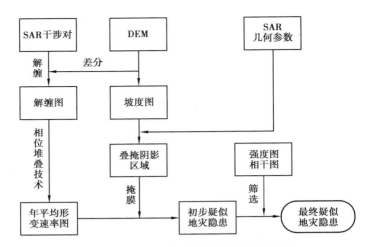

图 3.1　Stacking 技术地表形变识别流程图

①研究区域的整体相干性较好。

②易探测形变范围较大的地质灾害隐患。

③易探测具有持续性形变的地质灾害隐患,当然,对地质灾害隐患形变时间在探测影像覆盖时间内占的比重较小的情况,Stacking 技术也是较难探测的,这时需要根据单个干涉图逐一进行判断。

④需要具有多组质量好,没有解缠误差的干涉图(允许大气误差存在)。

2)IPTA 技术

IPTA 技术采用的相位模型与传统的干涉技术一样,解缠后的干涉相位是地形相位、变形相位、差分路径延迟相位(也称大气相位)和相位噪声部分(失相干)。在干涉点目标分析中,干涉图只对选择的点做解释,出于效率和存储方面的考虑,采用矢量格式的数据结构代替传统干涉技术的栅格数据结构,大大减少了磁盘的存储空间。这种对干涉图、解缠相位、地形高程、形变速率和大气相关的残差相位以及其他相位采用类似点堆积的矢量存储格式,提高了后续时序解算效率。IPTA 技术地质灾害隐患形变识别流程,如图 3.2 所示。

IPTA 技术在处理时可以选择单一主影像和多主影像,由于受影像数量的限制与三峡库区多植被覆盖的特点,采用 IPTA 技术在三峡库区进行地表形变识别中,受影像失相干的影响多采用多主影像处理模式,从而使得 IPTA 技术相对于传统的 PS-InSAR 技术来说,在三峡库区也可以获取较好的结果。相对于 SBAS 技术与 Stacking 技术来说,IPTA 技术通过点间组网差分可以进一步削弱大气效应,并且可以在植被覆盖较为茂密的区域获取较好的形变信息。但是 IPTA 技术在三峡库区地质灾害隐患识别方面也有弊端,例如,在植被覆盖过于茂密的区域不易选择到质量较好的点,在地质灾害隐患非线性形变量级较大时获取的时间序列不精确等。总体来说,IPTA 技术在三峡库区地质灾害隐患地表形变识别方面具有以下特点:

①地质灾害隐患形变量级较小且主要发生的是线性形变。

②可以探测、监测形变范围较小的地质灾害隐患。

③研究区域可以有植被覆盖,但需要有裸露的地表。

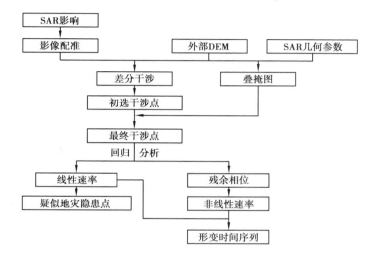

图 3.2 IPTA 技术地质灾害隐患形变识别流程图

3)SBAS 技术

采用 SBAS 技术进行地表形变识别时应根据研究区域具体情况制订具体的方案,再根据方案进行数据的解算与成果的整理、分析等工作,具体的 SBAS 技术流程如图 3.3 所示。

采用 SBAS 技术获取地质灾害隐患形变时间序列之后,需要对所获取的结果进行精度评定,精度可以分为内符合精度和外符合精度两种。在存在外部数据的情况下,应使用外符合精度对所获取的结果进行精度评定。由于 InSAR 技术所获取的形变为视线向的形变,在进行精度比较时需要将外部数据与雷达的视线向投影到同一个方向上。例如,监测地面下沉时认为形变主要发生在垂向上,可以将形变投影到垂向上与外部数据进行比较,当进行地质灾害隐患识别时可以认为形变的方向主要发生在沿坡向的方向上,可以将外部监测数据与 InSAR 获取的形变都投影到坡向上进行比较。

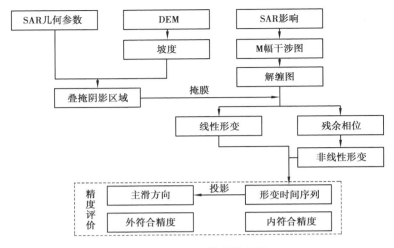

图 3.3　SBAS 技术流程图

SBAS 技术可以有效地获取研究区域的年平均形变速率与形变的时间序列。但是对于地质灾害隐患识别来说,对数据的数量与数据的整体质量要求较高,且由于多个子集的干涉组合之间需要使用内插或者外推的方法与它们相连,把干涉组合分在多个子集内可能引起形变序列结果不准确,因此,最好把干涉组合分在同一个子集内,避免出现多个子集的情况。总体来说,SBAS 技术在三峡库区地质灾害隐患地表形变识别方面具有以下特点:

①需要有多幅主影像,从而形成时空基线,相对来说都是短基线,可以有效解决空间时间的失相干问题,但是对数据的数量和整体质量要求较高。

②在地表形变解算过程中,最好把干涉组合分在同一个子集内。

③获取地质灾害隐患点形变时间序列之后,需要对所获取的结果进行精度评定。

4)StaMPS-PS/DS 技术

StaMPS-PS/DS 技术的核心内容包括基于振幅的偏移量估计配准算法、PS 点筛选方法以及 3-D 解缠算法,该技术通过筛选相位稳定点作为 PS 点,能较好地抑制噪声及大气等影响,在城市等分布着强地物反射特性区,效果较好。然而,在三峡库区这种高陡峡坡地貌缺少足够强的反射特性地物,PS 点筛选机制通常不适用,致使在这些区域存在不能提取到或提取 PS 点密度不足的问题。因此,逐步发展了基于同质像元的分布式散射点(DS)识别方法,该技术的核心是通过 KS 检验每个像素强度统计分布的相似性来判断是否为同质点。首先对同质点进行空间自适应滤波,并通过 phase_linking 技术实现缠绕相位的平差计算,然后利用相位三角分割算法(PTA)从协方差矩阵中恢复 SAR 影像的最优相位值,根据相干性筛选出 DS。最后联合识别 DS 与 StaMPS 获取的 PS 点,显著地增加失相干地区的形变监测点,从而提高相位解缠的可靠性,实现利用 StaMPS-PS/DS 技术对三峡库区潜在地质灾害隐患的形变进行定量提取。利用 StaMPS-PS/DS 技术进行地质灾害隐患点形变识别的具体流程如图3.4所示。

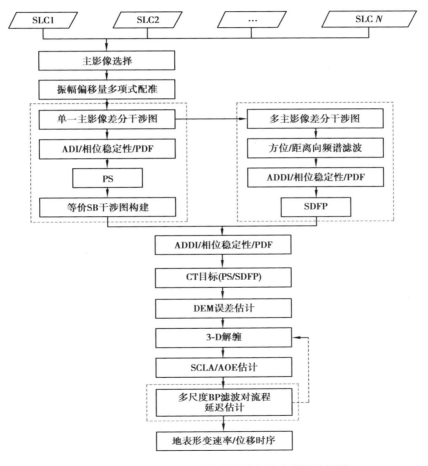

图3.4 StaMPS-PS/DS 技术视线向形变提取流程图

综上分析,StaMPS-PS/DS 技术能较好地识别库区,如裸露的岩石、居民区、坝体等具有较强反射特性的 PS 点,同时也可以基于像元内多像素的高斯分布特征,

提取在短时间内保持较相位稳定的 DS 点,因此,能提高库区地面目标点的提取密度,增加干涉对解缠的准确性。总体来说,StaMPS-PS/DS 技术在三峡库区地质灾害隐患点的形变识别具有以下特点:

①基于振幅离差及相位稳定性迭代筛选出的目标点可靠,密度有所提高。

②能较好地估计出地形起伏变化大造成的库区干涉对中的地形相位误差。

③相对于 Stacking 技术而言,可以探测形变量级较大的地质灾害隐患。

④解缠结果准确,能保证形变速率提取的精度。

⑤能探测出中小型地质灾害隐患的形变信息,为疑似新增地质灾害隐患的判定提供更详细的信息。

3.1.2　三峡库区地表形变 InSAR 技术监测的难点与对策

三峡库区地形地貌主要为构造剥蚀、侵蚀中低山,局部发育岩溶地貌,河谷边坡陡峭、地形狭长、地势起伏较大,属于亚热带季风气候区,多云多雨,植被茂盛,这些因素导致三峡库区拍摄到的 SAR 影像数据极易受时间去相干、空间去相干及大气扰动等的影响,在一定程度上限制了对地质灾害隐患体形变信号的提取。因此,结合前文中的多种 InSAR 技术与团队在三峡库区 InSAR 技术监测的长期研究经验,针对在三峡库区利用 InSAR 技术进行地表形变识别的过程中面临的植被覆盖密集、大气干扰、地形遮挡等主要难点梳理对策方法。

1)植被覆盖密集的解决对策

植被对相干性的影响与雷达波长、SAR 影像空间分辨率及时空基线直接相关,因此在植被覆盖密集的三峡库区,需要考虑采用合适的数据和方法来提高干涉影像的相干性。结合三峡库区地形、地貌特点,针对植被覆盖密集造成的失相干,采用 L 波段的 ALOS-2 SAR 卫星数据,由于该卫星数据较长的波长值,具有较好的穿透性,从而大大提高了研究区域的相干性。同时在时效性方面采用重访周期更短(12 天)的 Sentinel-1A SAR 数据进行差分干涉,最大限度地避免了因时间间隔过长而造成的失相干。

2）大气干扰的解决对策

对流层延迟在干涉影像上表现出显著的与地表起伏有关的相关性，在山区或高原地区尤为明显。此外，不规则的大气对流运动也会引起随机性较强的对流层延迟信号，在空间上表现为聚集的团状、波状或完全随机、离散的形状。与高程相关的规则信号和不规则扰动信号耦合在一起交互影响，难以用统一的模型建模，严重影响了卫星雷达相位观测值及速率反演的精度。考虑三峡库区的地质灾害隐患多处于高山峡谷区域，与地形相关的对流层延迟尤为显著，三峡库区在进行 InSAR 解算时，采用了基于 BP 滤波"相位-高程"模型计算的对流层延迟改正模型，具体过程如下：

地形起伏可以引起大气中的温度、湿度、气压和水汽含量的差异，进而产生与地形相关的大气延迟相位，该大气延迟相位被视为大气总畸变的时变垂直分层分量。在 StaMPS 多时相处理时，通常是用一个简单"相位-高程"的线性模型即可从解缠干涉图中去除该垂直分层大气延迟，见式（3.2）：

$$\Delta\phi = k \cdot h + b \tag{3.2}$$

式中　$\Delta\phi$——解缠相位；

　　　k,b——散射点高程相关比例系数及常偏移量。

在三峡库区，由于在构造或其他类型的地面运动、湍流大气、不精确的卫星轨道等混合效应的影响下，这种方法会大大降低其有效性。同时该传递系数 k 是由全局而非局部线性回归确定的，而全局相关性又可能导致传递函数 k 存在较大的不确定性，很难定义该线性关系。因此，利用一种顾及多种空间尺度[如 $\lambda_1 = (11.4-22.8)$ km；$\lambda_2 = (5.7-11.4)$ km；$\lambda_3 = (2.8-5.7)$ km]的高斯滤波器分别对生成地形图和解缠干涉图在对应尺度 L 上进行带通（Band-Pass，BP）滤波分解，建立各个滤波尺度下的"地形-解缠相位"的稳健线性关系如下：

$$\Delta\phi(\lambda_i) = k_i \cdot h(\lambda_i) + b_i \tag{3.3}$$

式中　$\Delta\phi(\lambda_i)$，$h(\lambda_i)$——第 i 个解缠相位 $\Delta\phi$ 和地形高 h 的带通分量；

　　　k_i,b_i——第 i 个解缠干涉图相位和地形图的第 λ_i 阶"相位-高程"BP 滤波
　　　　　　　分量的转换系数及系统转换偏差。

联立所有干涉组对各个尺度 L 上的 BP 滤波分量，将其构建为式（3.4）所示的矩阵形式。

$$
\begin{bmatrix}
h_1(\lambda_1) & 0 & \cdots & 0 & 1 & 0 & \cdots & 0 \\
h_1(\lambda_2) & 0 & \cdots & 0 & 1 & 0 & \cdots & 0 \\
& & \vdots & & & & & \\
h_1(\lambda_n) & 0 & \cdots & 0 & 1 & 0 & \cdots & 0 \\
0 & h_2(\lambda_1) & \cdots & 0 & 0 & 1 & \cdots & 0 \\
0 & h_2(\lambda_2) & \cdots & 0 & 0 & 1 & \cdots & 0 \\
& & \vdots & & & & & \\
0 & h_2(\lambda_n) & \cdots & 0 & 0 & 1 & \cdots & 0 \\
& & \vdots & & & & & \\
0 & 0 & \cdots & h_m(\lambda_1) & 0 & 0 & \cdots & 1 \\
0 & 0 & \cdots & h_m(\lambda_2) & 0 & 0 & \cdots & 1 \\
& & \vdots & & & & & \\
0 & 0 & \cdots & h_m(\lambda_n) & 0 & 0 & \cdots & 1
\end{bmatrix}
\begin{bmatrix}
K_{\Delta T_1} \\
K_{\Delta T_2} \\
\vdots \\
K_{\Delta T_p} \\
b_{\Delta T_1} \\
b_{\Delta T_2} \\
\vdots \\
b_{\Delta T_p}
\end{bmatrix}
=
\begin{bmatrix}
\Delta\phi_1(\lambda_1) \\
\Delta\phi_1(\lambda_2) \\
\vdots \\
\Delta\phi_1(\lambda_n) \\
\vdots \\
\Delta\phi_m(\lambda_1) \\
\Delta\phi_m(\lambda_2) \\
\vdots \\
\Delta\phi_m(\lambda_n)
\end{bmatrix}
\quad (3.4)
$$

式中 $\Delta\phi_m(\lambda_n)$,$h_m(\lambda_n)$——对应第 m 个干涉组合的第 λ_n 阶"相位-高程"BP 滤波分量。

利用 L1-norm 范数约束下线性回归分析求解该系统,并将该对流层延迟改正模型集成到 StaMPS-PS/DS 模型中,完成对库区重要地质灾害隐患体的地表形变的精确提取。

3)地形遮挡的解决对策

由于 SAR 采用侧视成像方式,波束斜向照射地表时会导致雷达图像中发生距离压缩和阴影现象,对 SAR 影像,几何畸变主要包括透视收缩、顶底倒置和阴影。透视收缩是距离压缩的一种,主要是指面向雷达波束的斜坡投影到斜距平面时所出现的压缩,当视线向与坡面垂直时,透视收缩最为严重。顶底倒置又称为叠掩,是另一种特殊的距离压缩。当山顶回波比山脚部分回波更早被雷达接收时,会造成山顶和山底影像倒置的现象。叠掩现象与地形坡度和局部俯角有关,当坡度越大或雷达视角越大时,发生叠掩的可能性就越大。阴影是指在地形起伏区,后坡坡度较大而使得雷达波束无法照射到斜坡背后区域。三峡库区受高山峡谷地形的影响,雷达卫星在成像过程中存在较多的叠掩区域,如图 3.5 所示。

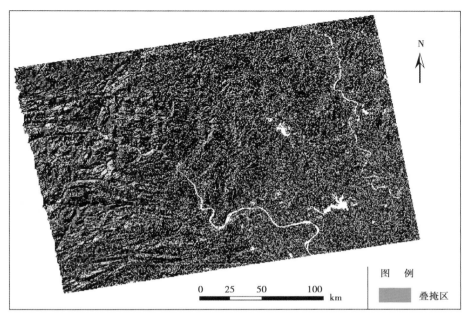

图3.5　三峡库区雷达成像叠掩区域

三峡库区高陡峡谷岸坡坡度、坡向等变化较大，而 InSAR 技术监测效果的好坏受地形坡度、坡向及卫星侧视成像轨道运行参数入射角、方位角等多方面综合因素的影响，因此，InSAR 技术监测有效入射角的分析和计算，是分析 InSAR 技术能否在该点有效应用的关键。本节通过研究区有效入射角的计算，对研究区的地形遮挡情况进行分析，结合几何关系模型，对几何关系模型中围绕地面局部入射角形成的封闭三角形的三条矢量边进行详细的投影换算和分解，并根据余弦定理和 3 条边的换算标量关系，得出地面有效入射角的几何关系计算模型。

如图3.6 所示，θ 为卫星传感器的入射角，∂ 为地面点的坡度角，θ_{loc} 为地面局部有效入射角，δ 和 ω 分别为地面点的坡向角和卫星视线向的水平角，以正北方向为 $0°$ 方向，以顺时针旋转为正方向；$\vec{V}_s$，$\vec{V}_n$，$\vec{V}_a$ 分别为卫星视线向矢量、地面点法线向矢量，以及卫星视线向矢量和地面点法线向矢量的合矢量。

对视线向水平角 ω，当卫星传感器右视成像时，取值为卫星方位角加 $90°$，当卫星传感器左视成像时，取值为卫星方位角减 $90°$。由于目前应用的 SAR 卫星数据多采用右视成像，因此，本节主要考虑右视成像的情况。将视线向矢量 $\vec{V}_s$ 分别投影到图3.6 中的 X,Y,Z 方向，结果如下：

$$X_{\vec{V}_s} = |\vec{V}_s| \times \sin\theta \times \cos\omega \qquad (3.5)$$

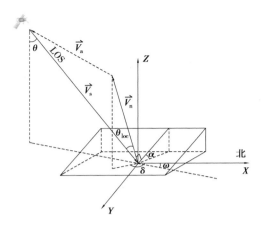

图 3.6　有效入射角计算的几何模型

$$Y_{\vec{V}_s} = |\vec{V}_s| \times \sin\theta \times \sin\omega \tag{3.6}$$

$$Z_{\vec{V}_s} = |\vec{V}_s| \times \cos\theta \tag{3.7}$$

式中　$X_{\vec{V}_s}, Y_{\vec{V}_s}, Z_{\vec{V}_s}$——矢量 $\vec{V}_s$ 在 X, Y, Z 方向上的投影值。

同理,地面点法向矢量 $\vec{V}_n$ 分别投影到图 3.6 中的 X, Y, Z 方向,结果如下:

$$X_{V_n} = |\vec{V}_n| \times \sin\partial \times \cos\delta \tag{3.8}$$

$$Y_{V_n} = |\vec{V}_n| \times \sin\partial \times \sin\delta \tag{3.9}$$

$$Z_{V_n} = |\vec{V}_n| \times \cos\partial \tag{3.10}$$

式中　$X_{V_n}, Y_{V_n}, Z_{V_n}$——矢量 $\vec{V}_n$ 在 X, Y, Z 方向上的投影值。

由上述两个投影,可求得二者的合矢量 $\vec{V}_a$ 在 X, Y, Z 方向上的投影,结果如下:

$$X_{V_a} = X_{V_n} + X_{V_s} \tag{3.11}$$

$$Y_{V_a} = Y_{V_n} + Y_{V_s} \tag{3.12}$$

$$Z_{V_a} = Z_{V_n} + Z_{V_s} \tag{3.13}$$

式中　$X_{V_a}, Y_{V_a}, Z_{V_a}$——矢量 $\vec{V}_a$ 在 X, Y, Z 方向上的投影值。

基于上述成果,应用余弦定理可得:

$$|\vec{V}_a|^2 = |\vec{V}_n|^2 + |\vec{V}_s|^2 - 2|\vec{V}_n||\vec{V}_s|\cos\theta_{loc} \tag{3.14}$$

从而导出卫星局部的有效入射角的计算结果如下:

$$\theta_{\mathrm{loc}} = \arccos\left[\cos\partial\times\cos\theta - \sin\theta\times\sin\partial\times\cos(\omega-\delta)\right] \qquad (3.15)$$

利用式(3.15)即可求得地面任意一点处的卫星局部有效入射角,有了局部有效入射角,就可以对 InSAR 的有效区域进行分析。可以看出,对于研究区而言,要确定某一局部的有效入射角,首先需要有研究区的地形坡度、坡向以及卫星输入角和相应的方位等信息,其中,卫星入射角等信息可以通过卫星数据获取,而坡度、坡向数据则可以由研究区的 DEM 数据进行提取,在获取上述数据的基础上,结合式(3.15),即可分析研究区的 InSAR 监测有效性。下面以 C 波段哨兵数据为例对研究区的 InSAR 监测有效性进行分析。

基于研究区的 DEM 数据,通过 ArcGIS 软件,提取研究区内坡度、坡向数据,如图3.7 和图3.8 所示。

图3.7 研究区坡度分布情况

图3.8 研究区坡向分布情况

根据卫星参数,结合研究区内的坡度、坡向数据,利用式(3.15)计算得到研究区各区域局部有效入射角分布图,如图3.9 所示。从图3.9 中可以看出,研究区有效入射角的范围为 0.096°～131.24°,其中,有效入射角较大的区域大多分布在岸坡右岸靠近江面的区域。一般来讲,有效入射角 0°～90°为有效入射区域,小于 0°为叠掩区、大于 90°为阴影区,其中,局部有效入射角 10°～20°为最佳入射角,基于此,InSAR 监测有效性等级划分标准,见表3.1。

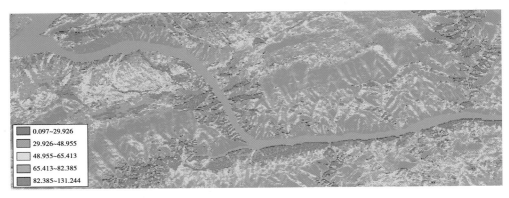

	0.097~29.926
	29.926~48.955
	48.955~65.413
	65.413~82.385
	82.385~131.244

图 3.9　研究区各区域局部有效入射角分布图

表 3.1　InSAR 监测有效性等级划分标准

监测有效性	有效			无效
等级划分标准	0°~10°	10°~20°	20°~90°	>90°
	一般区	最佳区	一般区	无效区

　　按照上述等级划分方法,以哨兵数据为基础的 InSAR 适应性分区结果如图 3.10 所示。从图中可以看出,研究区利用哨兵数据进行 InSAR 监测时绝大部分区域可以实现有效监测,主要的无效区域多集中在研究区长江右岸靠近江面的区域,尤其从青石码头到重庆段出口岸临近江面一带采用哨兵数据监测效果均不佳。相反,对长江左岸的岸坡区域,除神女峰下部局部北东向斜坡以外,其余区域基本都适合采用哨兵数据进行监测,尤其在本文重点研究区域(龚家坊至独龙一带)的高陡岸坡区域,基本都处于最佳有效入射角区域内。对叠掩或阴影而缺少足够 InSAR 信息的区域,本次工作综合依赖于多源观测手段,如利用 Sentinel-1A 和 ALOS-2 进行相互补充,可以最大限度地获得研究区的地表形变特征。

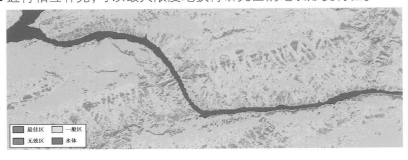

	最佳区		一般区
	无效区		水体

图 3.10　研究区 InSAR 监测有效性区划图

3.1.3　三峡库区地表形变识别的多种 InSAR 技术协同

针对研究区地形地貌、气象条件、植被生长特征,在研究期间内,快速完成大量雷达数据的 InSAR 数据处理,克服大气水汽、植被覆盖、地形遮挡等影响,有效获得研究区范围内的地表形变信息,采用 Stacking 技术完成全区域的快速扫面工作,获得全区域的平均形变速率,对重点形变区域及不适用 Stacking 技术的非线性形变区域,采用 IPTA 技术、SBAS-InSAR 技术、StaMPS-PS/DS 技术等相结合,从而得到研究区域时序形变特征。而对研究区内部分失相干区域,通过 Pixel Offset Tracking (POT)技术分析 SAR 影像中的强度信息,从而得到该区域的形变特征。总之,在三峡库区进行 InSAR 地表形变识别时,要充分利用多种 InSAR 技术的优势进行技术协同,全方位获得研究区的时序形变结果如图 3.11 所示。

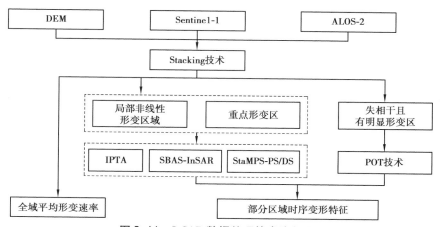

图 3.11　InSAR 数据处理技术流程图

3.1.4　研究区 InSAR 协同监测结果

1)岸坡区地表形变区域识别

结合上述算法,采用多种 InSAR 处理技术相互协同,并结合 Sentinel 和 ALOS-2 两类 SAR 数据,综合计算得到研究区 InSAR 地表形变分布结果,如图 3.12 所示,本节重点研究区域形变异常特征如图 3.13 所示。

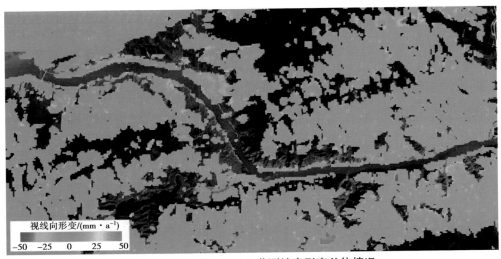

图 3.12　研究区 InSAR 监测地表形变总体情况

（a）左岸

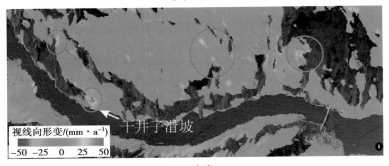

（b）右岸

图 3.13　龚家坊至独龙一带形变异常特征

从图 3.12 和图 3.13 中可以发现：

①从 InSAR 监测效果的适用范围来看，在目前常用卫星数据为基础的前提下，研究区存在部分失相干区域。主要包括研究区左岸独龙至神女溪一带山脊部分，猴子包滑坡至剪刀峰一带沿江岸坡区，研究区右岸临近江面一带，相干效果均不理

想,相应的形变点较少。

②从形变图像上来看,研究区高陡岸坡在 2018—2020 年发生异常形变的区域相对较少,最大形变量为 −50 ~ 50 mm。

③从异常形变区域来看,在长江左岸的形变较大区域主要有茅草坡 2 号至 3 号斜坡中上部,独龙 2 号斜坡至独龙 4 号斜坡中上部,猴子包滑坡后缘等区域。

④在长江右岸,在第一道分水岭以内,岸坡的上部零星分布有多处形变较大的异常形变区,异常变形多集中在山脊,另外,在龚家坊滑坡对岸清溪河滑坡附近及其上部所在的山体[如图 3.13(b)中的红圈位置]多个形变较大的异常区,上述多处异常形变区经过现场核查,大多处于人类工程活动相对频繁的区域,因此,初步认为该区域目前所监测到的异常形变基本与人类工程活动有关,当然也不排除个别形变是滑坡所致,后续需进一步监测核实。

⑤在干井子滑坡区域和明显异常形变区域,结合区域的地形地貌及人类工程活动情况,认为该异常形变是滑坡引起的异常形变可能性较大,同时该处多条断层集中发育,需引起足够重视。

2)InSAR 监测与常规监测结果对比

前面从区域形变识别角度对研究区 InSAR 监测形变异常识别进行说明,为了验证 InSAR 监测成果的可靠性,项目组收集了同一时间段内在重点研究区域所开展的常规监测数据资料,以便对 InSAR 监测结果作进一步的对比。本次对比的研究区主要为长江左岸龚家坊至独龙一带,所采用的监测数据为 107 地质队在 2018—2020 年所开展的形变监测资料。本次研究重点对 InSAR 监测形变较大的茅草坡 2 ~ 3 号斜坡及独龙 1 ~ 2 号斜坡进行对比。茅草坡 2 ~ 3 号滑坡与独龙 2 号滑坡 InSAR 和常规监测的对比结果分别如图 3.14 和图 3.15 所示。

图 3.14 为茅草坡 2 ~ 3 号滑坡 InSAR 与常规监测结果的对应情况,可以看出,InSAR 监测结果显示,在茅草坡 2 号滑坡、3 号滑坡中上部存在明显的变形区域,形变量大致为 20 ~ 40 mm。从常规监测曲线来看,在茅草坡 2 号滑坡及 3 号滑坡的监测点在 2018—2020 年间部分监测点确实出现了较大的形变增长,如图 3.14 中红色圈所示,形变增长主要集中在 2019 年 3—8 月期间,这一区间段也正好是水库水位下降阶段(3—6 月),从量值上看,本阶段内各监测点形变普遍在 20 mm 以上,增长较大的监测点包括 JC19,JC21,JC25,JC29 等,形变增长量均大于 20 mm,其中,JC29 最大形变量超过 40.6 mm,常规监测所获得的形变量及形变位置与 InSAR 监测结果基本一致。

图 3.15 为独龙 2 号滑坡 InSAR 监测与常规监测结果对应情况。从 InSAR 监测结果来看,形变较大区域主要为独龙 1 号和独龙 2 号斜坡的中上部,最大形变量达 30 ~ 40 mm,结合该区域的常规监测资料,在 InSAR 显示的形变较大区域,2018—2020 年确实有多处监测点出现明显的形变增长现象。图 3.15(c)列出了 JC38,JC43,JX38 这 3 处监测点的时间累积位移曲线,从曲线上也可以看出,位于独龙 2 号滑坡右侧的 JC38 号和 JC43 号监测点,其在 2018 年 7—10 月内发生了较大的形变增加,形变增加量累积约 40 mm,而位于独龙 2 号滑坡左侧的 JX38 号监测点,同样在 2018—2020 年发生了明显的形变增加,其中,在 2019 年 1 月和 2019 年 6 月期间发生了两次监测位移明显跳跃,位移增加量超过 100 mm,经过核实是外界干扰所致。剔除两次干扰影响后该监测点位移在两年中仍呈现明显的增加,累计增加量为 30 ~ 40 mm。

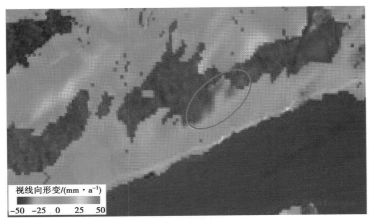

（a）InSAR形变

（b）监测点位置

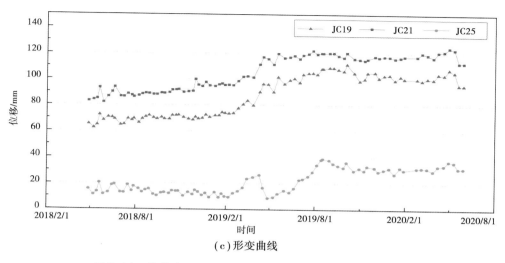

（c）形变曲线

图 3.14　茅草坡 2～3 号滑坡 InSAR 与常规监测的对比结果

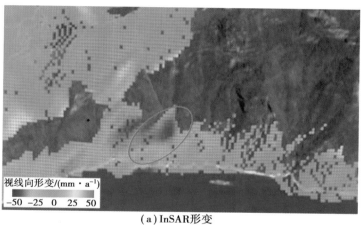

（a）InSAR形变

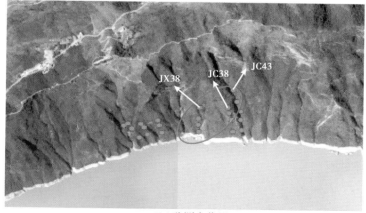

（b）监测点位置

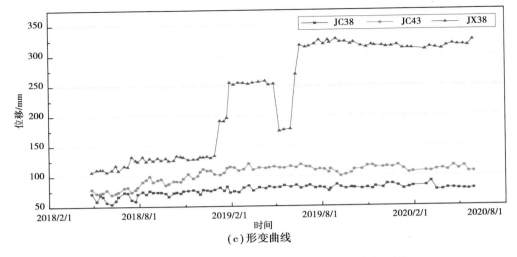

(c)形变曲线

图 3.15 独龙 2 号滑坡 InSAR 监测与常规监测数据对比

从上述分析可以看出,InSAR 监测结果与常规监测结果基本保持一致,验证了多种 InSAR 技术协同方案在三峡库区地表形变识别的可行性与可靠性。

3)InSAR 形变识别结果与治理库岸分区

在龚家坊至独龙一带,库岸部分区域已经完成消落区治理,目前已完成治理的区域包括龚家坊滑坡区域、茅草坡 M3 号、M4 号斜坡区域、独龙 D1-3 号和独龙 D2 号斜坡区域以及独龙 D8 号斜坡区域,具体如图 3.16 所示。

从 InSAR 形变识别结果来看,在龚家坊至独龙一带,形变较大的区域分布与岸坡消落区治理具有一定的关联性。具体表现为:在茅草坡 2 号、3 号斜坡以及独龙 2 号斜坡等完成治理的区域,虽然在监测期间内也发生了相对较大的形变,但是形变大多集中在中上部,即远离消落区区域,而在未经消落区治理的 D1-1 和 D1-2 斜坡区域所产生的形变主要集中在消落区及其附近区域。上述结果表明,消落区的治理对在消落区附近一定范围内的岸坡形变具有较强的控制作用,但对岸坡上部的形变没有起到明显的控制作用,因此,在目前的消落区治理工程措施下,起到了控制消落区区域侵蚀和形变的作用,但对岸坡整体稳定性的控制作用不大。

（a）InSAR形变

（b）岸坡治理区域

图 3.16 InSAR 形变区域与岸坡治理区域对比图

3.1.5 InSAR 技术应用结果认识

从前面 InSAR 监测应用的结果来看,利用 InSAR 技术对高陡岩质岸坡监测具有可行性。其应用潜力主要表现在两个方面:一是利用其面域监测的特点,对以往未关注区域的异常形变进行识别,从而发现潜在岸坡可能发生破坏的隐患点;二是利用 InSAR 技术对一些特定点尤其是当前常规监测存在困难的区域(如陡立甚至反倾的岸坡体、高位突出危岩体等)进行长期跟踪监测,从而实现与常规监测的互补性。

研究区由于地形地貌条件、气象条件以及植被覆盖等因素的影响,单一 InSAR

技术很难获得比较理想的地表形变信息,而采用多种 InSAR 技术协同监测,能最大限度地克服自然条件对 InSAR 监测的影响,从而得到相对较好的形变监测结果。

为了获得更好的 InSAR 监测效果,建议在有条件的前提下,对同一研究区综合采用多种卫星数据相结合和同一卫星升降轨数据相结合的方式,以便弥补单一数据所带来的区域限制。

3.2　峡谷岸坡地基雷达监测技术应用

地基雷达作为星载 InSAR 的补充,其差分干涉测量技术原理与星载 InSAR 一致,都是根据其发射的雷达波相位差来计算监测区域的形变量。作为一种新兴的地质灾害形变监测技术手段,地基雷达无须在变形体上,形变监测精度可达到亚毫米级,重复观测周期最短可达数秒,同时可以实现全天时、全天候和恶劣环境的观测,能够对地表沉降、露天矿边坡、滑坡、坝体、大型建筑物形变等实施大范围连续实时监测,广泛应用于各类重要工程的安全保障、健康评估与应急抢险。在本次研究工作中,采用地基雷达技术对三峡库区重庆巫峡段独龙一带的高陡斜坡形变情况进行试验应用研究,对地基雷达技术在三峡库区高陡岸坡形变监测的适用性和存在的问题进行了验证和分析。

3.2.1　地基雷达监测技术基本原理

地基雷达系统是基于合成孔径雷达技术(SAR)、差分干涉测量技术(D-InSAR)、步进频率连续波技术(SFCW)的形变遥感监测系统。

1)合成孔径雷达

合成孔径雷达是一种高分辨率微波雷达,其主要技术原理是将小天线作为雷达辐射单元,当合成孔径雷达向某一固定位置进行移动时,其在不同位置接收的来自同一方向的雷达反射波进行成像,通过大量的小天线辐射单元的移动形成一个大天线,即可获取一个高分辨率的合成孔径雷达影像。其基本原理如图3.17所示。沿着轨道方向,SAR移动的轨迹从点C_1到点C_n,即相干脉冲信号发射的位置是$C_1,C_2,\cdots,C_n$,相对目标A,空间点$C_i(i=1,2,\cdots,n)$与其存在不同的斜距,那么雷达可以接收到具有不同相位的回波信号。在补偿上述空间点的相位后,它们的相位相等,在求和点对补偿后的相位进行同相叠加,由此可以得到合成孔径阵列,在目标A处聚焦,此即SAR图像的聚焦,合成孔径雷达完全聚焦后可以具有非常高的方位向分辨率,L_{max}表示孔径的长度。地基雷达通过雷达发射/接收传感器在固定轨道进行滑动,从而获取高分辨率的合成孔径雷达影像,由于合成雷达具有远距离、全天候、高分辨率成像的优势,是其他雷达技术所不能媲美的。

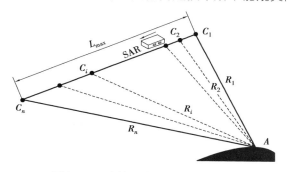

图3.17 地基雷达工作原理示意图

本次研究工作使用的是HC-GBSAR1000边坡监测雷达系统,该型号地基雷达波为Ku波段,波长约为22 mm,轨道长约2.4 m,方位向分辨率约为4.5 mrad。[①]地基雷达方位向分辨率计算为:

$$\Delta\varphi=\frac{\lambda}{2L} \tag{3.16}$$

式中 λ——地基雷达波长;

L——地基雷达轨道长度。

2)差分干涉测量技术

差分干涉测量技术(Differential Interferometric Synthetic Aperture Radar, D-InSAR)是目前一项非常成熟的测量技术,已广泛用于滑坡、地表形变、山体冰川流速等领域。该技术主要是通过两个不同时刻监测物体反射雷达波的相位差精准确定监测

---

① 1 mrad≈0.0573°。

物的位置和形变变化量,其基本原理如图3.18所示。

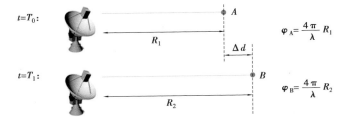

$t=T_0$: $\qquad \varphi_A = \dfrac{4\pi}{\lambda} R_1$

$t=T_1$: $\qquad \varphi_B = \dfrac{4\pi}{\lambda} R_2$

图3.18 差分干涉测量技术的基本原理

从图3.18中可以看出,T_0时刻地基雷达与监测物体A的距离为R_1,T_1时刻,该监测物体发生形变,形变量为Δd,此时监测物体位移至点B,雷达到点B的距离为R_2,地基雷达位置不变,两者之间的距离为Δd,设监测物体移动前的雷达相位为φ_A,监测物体发生形变后的雷达相位为φ_B,则两者之间的相位差为$\Delta\varphi_{AB}$,差分干涉测量技术原理具体表达式为:

$$\Delta\varphi_{AB} = \varphi_B - \varphi_A = \frac{4\pi(R_2 - R_1)}{\lambda} = \frac{4\pi\Delta d}{\lambda} \tag{3.17}$$

从而得到形变Δd的计算表达式:

$$\Delta d = \frac{\lambda}{4\pi}\Delta\varphi_{AB} \tag{3.18}$$

地基雷达的监测精度可达0.1 mm,可以满足三峡库区地表微小形变监测的要求。

3)步进频率连续波技术

步进频率连续波技术是一种在发射/接收窄宽信号的条件下可以获取高精度距离向分辨率信号的技术,可以避免普通高分辨率雷达工作时产生较大的带宽信号问题。该技术可以将地基雷达信号的波段保持在一个稳定的阶段,从而可以保证其进行远距离监测,地基雷达可以采用步进频率连续波技术将相关信号进行处理得到合成的脉冲信号,其距离向分辨率的具体表达式为:

$$\Delta R = \frac{c}{2B} \tag{3.19}$$

式中 c——雷达波在真空中的传播速度;

B——脉冲带宽,距离向分辨率与其脉冲带宽有关,与监测距离无关。

以本次研究区为例,将该地基雷达监测区域进行单元分割,地基雷达监测区域约为 1.3 km²,其中,设备所发射的雷达波的距离向分辨率为 0.3 m,方位向分辨率为 4.5 mrad,则一个辐射单元为 0.3 m×4.5 m,辐射单元分割数约为 100 万个,将 100 万左右的辐射单元组合起来可获取高分辨率的边坡 SAR 影像。辐射单元划分示意图如图 3.19 所示。

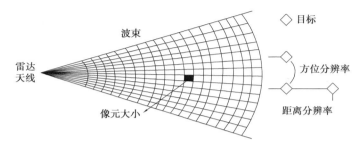

图 3.19 地基雷达监测区域辐射单元划分示意图

地基雷达系统作为现阶段小范围地面遥感监测系统,与其他监测手段相比具有一定的优势。地基雷达系统与其他监测系统的技术特征对比详见表 3.2。

表 3.2 地基雷达系统与其他监测系统的技术特征对比

监测技术	优势	劣势	适用范围	监测精度
地基雷达	部署灵活、获取信息量大、高分辨率(百万级)、全天候工作、数据处理快,不受监测对象地形限制	监测效果受气象、研究区反射条件等因素影响,监测数据量大,监测坡体形变趋势需要与其他技术相结合	适用于较大范围地形缓慢变形阶段的二维非接触式形变	亚毫米~毫米级
无人机倾斜摄影	机动灵活、高效快速、监测范围较大	需要提前规划航线,易受恶劣天气条件影响	地形复杂区域大范围、大变形	厘米级
GNSS 差分测量	精度高、投入快,全天候、全时段工作,不受恶劣天气条件影响	需要在监测点位布置传感设备,仅能获得单点监测数据,监测设备布设的难易程度受地形限制大	大范围山区滑坡崩塌特征点的任意阶段三维形变	毫米级
三维激光扫描	投入快、获取信息量大,可以获得百万级的点云数据,全天候监测,周期短、精度高	数据处理量大,处理速度慢,无法做到实时监测,受气象条件影响大,在监测地物时易受地形干扰	较大范围区域地表快速变形阶段的三维形变	毫米级

3.2.2　地基雷达监测点建设

1)雷达及参数

本次研究工作中选择的是 HC-GBSAR1000 型地基雷达,该地基雷达监测系统由地基差分干涉雷达、主控计算机和外部电源(交、直流电源)组成,地基差分干涉雷达可通过交流电源或直流电源供电,并通过主控计算机完成雷达系统控制、信号处理和处理结果显示与保存功能,系统组成如图 3.20 所示。

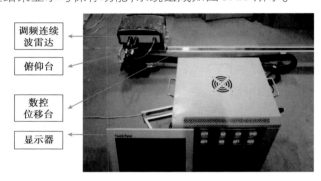

图 3.20　地基雷达监测系统

该系统主要参数如下:

①雷达类型:连续波雷达。

②分辨率:0.3 m(R)×4.5 mrad(A)@ @1 km。

③有效射程:10~4 000 m。

④采样间隔:1~6 min/次。

⑤监测范围:俯仰不小于 45°,方位不小于 90°。

⑥位移量监测精度:不低于 0.1 mm。

⑦功耗:≤120 W(平均功率,不含上位机电脑)。

⑧工作温度:-25~50 ℃。

⑨工作湿度:5%~95%(无凝露)。

⑩工作频段:15.7~16.7 GHz。

⑪信号带宽:200~1 000 MHz。

⑫发射功率:≥30 dB。

⑬极化方式：VV。

⑭供电方式：AC 220 V 50 Hz。

2）监测点位置选择

地基雷达测站的选取是地基雷达发挥其形变监测功能的基础和保障，测站的选取首先要考虑监测仪器的量程、测站位置的稳定性、监测角度、视野开阔程度以及外部保障措施等基本条件。地基雷达系统的测站位置的选取十分重要，测站的稳定性直接影响形变监测数据的精度和可靠性，应主要考虑以下几个方面：

①地基雷达形变监测系统的有效量程是 4 km，因此，测站距离监测区域的最远距离应小于 4 km。

②测站位置选取在地基较稳定的基岩上，在基岩上浇筑水泥基座，以确保测站位置的稳定性。

③地基雷达数据采集模块应安装牢固，在形变监测过程中不能发生移动，以避免监测数据的异常以及仪器损坏。

④尽可能地确保地基雷达系统视线方向同形变方向一致，以利于监测。

⑤选取的测站位置应能够建立安置地基雷达系统的彩钢房，以确保不同天气情况下，雷达均可进行正常监测任务。

⑥选取的测站位置应便于提供交流电源，以确保形变监测的连续性。

⑦选取的测站位置应视野开阔，以便于仪器系统发送和接收雷达波。

在本次研究过程中，对于地基雷达监测技术的应用，一方面是验证地基雷达在高陡岩质岸坡远程非接触面域监测中的应用可行性；另一方面则为了与当前常规的自动化监测技术相对比，进而弥补当前单一监测方法的不足。因此，本项目在地基雷达监测区域的选择上，主要考虑两个方面的因素：一是监测区域本身具有相对较大的变形；二是该区域具有常规监测数据，从而可以实现二者的相互对比验证。

在地基雷达选点过程中，首先收集了 107 地质队在本区域开展的常规监测成果情况，从以往的常规监测数据来看，研究区岩质岸坡总体形变量不大，2018 年度平均形变量为 0 ~ 40 mm，而监测点水平位移变化量较大的区域在独龙 1 号滑坡至独龙 6 号滑坡一带，因此，选择独龙一带区域作为本次地基雷达监测的主要研究区。为了满足对研究区监测的要求，项目组根据地基雷达选点的原则对研究区对岸的监测点位置进行了现场调查及选择，最终在监测区域对岸选择适合的地基雷达布置点,雷达与监测区的距离约为 1.8 km,雷达测站布设点与监测区域如图 3.21 所示。

图 3.21　地基雷达布设点与监测区域

3)监测点建设

为了使地基雷达监测工作不受雨雪等不利天气条件的影响,满足恶劣气象条件下的不间断监测需求,在测站现场为地基雷达设备配置了方舱,从而可以避免恶劣天气对雷达仪器的影响。首先在选取的测站位置浇筑水泥基座,并在基座上钻孔以固定地基雷达系统的采集模块和线性轨道。在安装过程中需要把支撑点打入水泥基座,从而起到固定的作用。由于地基雷达系统仅能获取视线方向的形变信息,在安装地基雷达系统时,应尽可能地将仪器的视线方向同被监测物体的形变方向保持一致,地基雷达监测的安装效果如图 3.22 所示,雷达监测方式采用全天 24 h 不间断监测,雷达现场实际监测速度为 10 ~ 15 min/次,采用实时处理的方式实现边坡形变实时监测。

(a)内部　　　　　　　　　　(b)外部

图 3.22　地基雷达监测点现场图

3.2.3 地基雷达监测结果分析

1）二维雷达形变总体情况分析

在本次地基雷达应用研究工作中，地基雷达于 2019 年 5 月 16 日正式运行，2019 年 10 月 31 日监测结束，累计获得 138 天、大小约 1.8 T 的地基雷达监测数据。为了便于分析监测其不同阶段的整体形变情况，分别在 5—10 月各选取 1 幅典型地基雷达监测影像图进行对比，如图 3.23 所示。

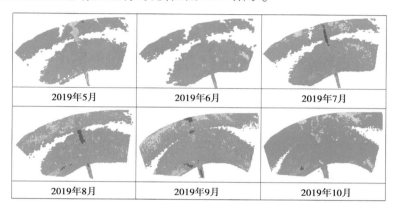

图 3.23 不同时间段的地基雷达形变特征图

从图 3.23 中明显可以看出，在雷达形变图像的中轴线附近，存在一条明显的形变异常轴线，通过技术分析，该轴线范围内的形变异常主要与设备本身的原因有关，其所显示的形变异常不能代表真实的坡体异常情况，因此，在分析过程中对该轴线范围内的形变异常不加以考虑。

通过对中心轴以外的其他区域形变图对比分析可以发现，随着监测时间的延长，观测坡体区域的形变在不断增加，并存在一定的规律。首先，在 5—6 月岸坡的形变主要发生在坡体的中下部，而进入 7 月以后，岸坡顶部的形变开始逐渐增加，并在 9 月达到最大，而在 10 月顶部形变开始回落。分析原因，5—6 月形变主要集中在岸坡中下部的主要原因是水库水位下降引起的岸坡内部真实形变，7—9 月的岸坡顶部形变及范围的扩大则主要是由于岸坡顶部存在大量的松散堆积体，7—9 月正好处于汛期，强降雨事件比较频繁，在强降雨条件下，岸坡顶部的松散堆积体大量被雨水冲刷和搬运，从而出现顶部形变增加的情况，因此分析认为，坡体顶部在7—9月的变形,主要是浅表堆积物的移动,与岸坡整体稳定性无关。

2)监测成果三维可视化

文中基于二维数据结果对地基雷达监测期间研究区形变的演化过程进行了分析,从中可以发现,雷达系统当前单一的可视化方式导致监测人员无法将形变信息同监测区域实地坐标匹配,也无法将形变信息同监测区域实地地形和地表特征信息匹配,这严重影响了地基雷达的监测效率,导致即使获取到异常形变信息,也无法精确定位异常区域的具体坐标以及异常区域的地表特征信息。因此,在应用地基雷达进行形变监测时,建立与空间匹配的形变数据、地表覆盖信息以及地形起伏信息的可视化表达方法是十分必要的。本章在现有二维成果的基础上,对监测成果的三维可视化表达进行了研究和应用,具体过程如下:

(1)三维地表模型的生成

为了实现监测成果的三维可视化,项目组收集了研究区的高精度 DEM 模型数据用于构建研究区表面数字高程模型。其结果如图3.24所示。

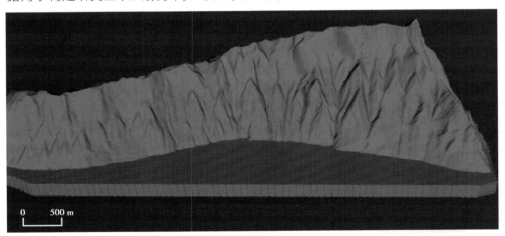

0   500 m

图3.24　研究区数字高程模型

(2)坐标统一

地基雷达监测数据与实际地形的匹配,关键在于坐标的统一。地基雷达形变监测系统具有独立的二维工作坐标系统,其系统定义了监测坐标系统的原点及系统方位 x 和 y 轴方向。该二维影像坐标系统 (x,y) 的坐标原点被定义在地基雷达系统线性扫描轨道的中点,线性轨道长达2 m,其位置关系如图3.25所示。

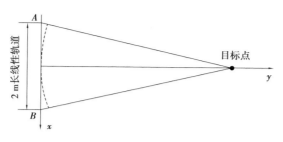

图 3.25　地基雷达监测坐标系统的定义

地基雷达系统具有独立的二维监测工作坐标系统,前面生成的地表高程模型也具有独立的坐标系统。地基雷达系统中可以导入监测区域的坐标系统,因此,只需要求取地基雷达工作系统的原点(线性扫描模块的中点)在研究区域内与 DEM 坐标系统相同的坐标值,并同研究区坐标数据一同导入地基雷达系统中,即可实现地基雷达工作坐标系统同研究区坐标系统的统一。对于地基雷达测站坐标,采用现场实测,并将实测坐标换算成与 DEM 数据相同的坐标系统值,并按照前述方法实现雷达坐标与现场坐标的统一。

(3)数据加载

将 DEM 高程信息添加到地基雷达点云形变监测数据中,使地基雷达监测数据具有相应的高程信息,从而为地基雷达形变监测提供监测区域的地形起伏信息,提高了地基雷达监测使用效率。数据融合后的结果如图 3.26 所示。

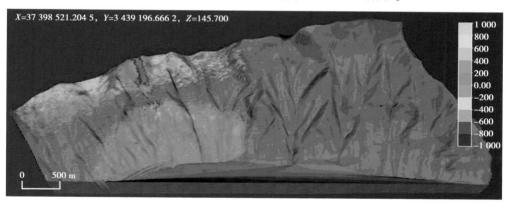

图 3.26　监测数据三维可视化展示效果图

对比图 3.23 和图 3.26 可以发现,通过三维可视化处理后,监测数据与研究区的地形地貌建立了更为直接高效的对应关系,同时监测范围内各处的形变特征能够更加直接的展示。从融合后的结果可以清晰地看出,研究区山体变形主要集中在顶部岩体凸出部分,这部分区域也是当前自动化监测没有覆盖的区域。另外,除了顶部危岩外,在独龙2号到独龙6号滑坡后缘同样存在部分变形较快的区域,这与常规监测结果相吻合。

3)不同斜坡形变时变特征分析

前面对地基雷达监测区形变的总体情况进行分析,并通过地基雷达形变数据与地形数据的融合,实现了形变数据的可视化。为了进一步分析不同阶段不同斜坡形变的时变特征,分别在独龙1号、独龙2号、独龙3号和独龙4号斜坡上选取典型监测点建立监测点形变曲线,各监测点位置分布如图3.27所示。

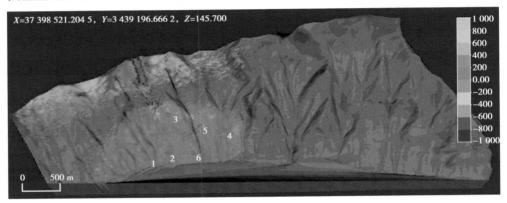

图3.27 地基雷达时变特征分析的典型电测点位置图

由于本次监测所采用的地基雷达在数据存储过程中,自动采用分段存储,因此造成监测数据在整个监测过程中被划分为了若干段,每一监测段的时间约为13天,因此,本次地基雷达监测未能获取监测期间内完整的监测曲线。在分析过程中,主要选择在本次监测中库水位下降期间所监测到的数据作为时变特征分析的主要参考。因此,选择5月29日0:00至6月10日0:00的地基雷达监测数据作为本次时变特征分析的代表性数据,上述各监测点的时变曲线如图3.28和图3.29所示。

从监测点的形变过程来看,研究区在本监测时间段内,监测范围内变形量总体趋于平稳。从形变趋势来看,所有监测点数据均呈现出一个先上升后平稳的一个趋势,监测点最大形变量约为10 mm,曲线上升与平稳的转折点发生在2019年6月7日左右。对比本区域水库水位的调节情况,2019年6月6日17时,水库水位调节至正常蓄水位145 m,此前水库水位一直处于持续下降阶段。因此,从本阶段的监测可以看出,水库水位的调节对岸坡形变有一定的影响,具体表现为:在水库水位下降过程中,岸坡的形变量有一定增加,在水库水位降低到正常水位时,岸坡的形变再次趋于平稳。

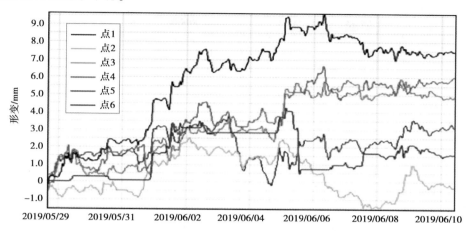

图 3.28 水位下降期间监测点形变过程图

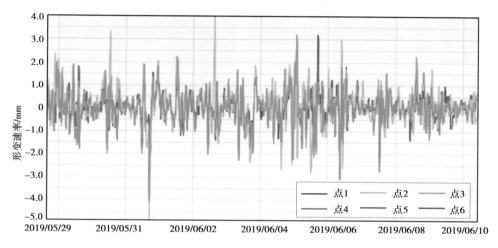

图 3.29 水位下降期间监测点形变速率变化特征图

此外,从形变速率来看,在本监测时段内,各监测点的最大形变速率基本维持在 2 mm/d 的形变速率区间内,最大形变速率大约为 5 mm/d,这一形变速率从单个数值来看,已经达到普通滑坡的预警速率,但根据以往的研究结果,在滑坡形变发生临滑前,其应变速率会在波动情况下持续增加,而本次监测中出现的形变速率异常点主要表现为速率的突然增加或突然减小,与前后时间内的形变速率不存在延续性,因此,判断本监测期间内坡体总体基本稳定。

3.2.4 峡谷岸坡地基雷达监测影响因素分析

影响地基雷达监测效能的因素可以分为内部因素和外部因素两个层面:内部因素主要是指仪器系统因素,外部因素主要是指被监测对象的地形因素和监测过程中的气象因素,结合本次的具体应用研究工作,下面主要对地形因素和气象因素进行详细分析:

1)地形因素

地基雷达电磁波在对流层中传播时,主要受对流层大气和地形因素的影响,其中地形因素是主要影响因素,其影响主要表现在以下几个方面:

①电磁波的直达波与地面反射波的多径干涉效应:当电磁波为视距传播模式时,不仅受大气折射效应的影响,还受地面的影响,主要表现在地面反射波与直射波叠加后在接收天线处引起的多径干涉效应。

②山峰和高大建筑物对电磁波的绕射效应:对电磁波超视距的传播情况,电磁波在传播路径上可能会遇到较大的地形障碍物,如山峰、高大建筑物等,从而发生绕射衰减。

③曲形地表对电磁波的绕射效应:平坦的地球表面可以看作光滑球面,在超短波及微波波段,光滑地表对无线电波的绕射损耗与地面电磁特性和电波的极化方式无关,只与地表几何参数和大气折射因子有关。

本次应用地基雷达实际监测中,监测研究区域的最大监测距离约为 1.8 km,属于视距传播范围。该研究区域信号传输条件通畅,无山峰和高大建筑物对电磁波造成影响。因此,地形影响因素对地基雷达电磁波的影响主要表现为多径干涉效应影响和电磁波的绕射效应影响。结合监测区的实际情况,在地形影响下,地基雷达成像并不连续,在上部区域和下部区域存在一定范围的数据缺失区(图3.30),对比区域的真实地形地貌特征可以发现,在监测成像中的数据缺失区域与现实中的岩石反倾突出区域基本吻合。因此,在后续地基雷达监测过程中,需要注意这类情况的影响。

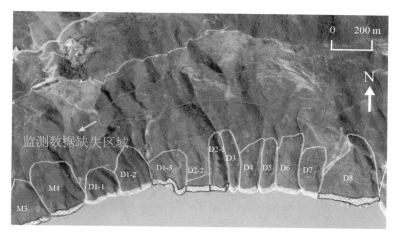

图 3.30　监测数据缺失区域地形特征

2）气象因素

地基雷达通过发射电磁波对目标进行形变监测并接收其回波,获得目标至电磁波发射点的距离和距离变化率(径向速度)等信息。电磁波在大气环境中传播不仅受大气环境中气体分子和气溶胶粒子的吸收、散射等影响,负折射、超折射和陷获折射等也会引起电磁波出现异常传播现象。同时,大气温度、压强等对地基雷达监测结果也会产生明显影响,此外,在高精度且长时间序列形变的监测环节下,大气环境的变化会对测量结果构成影响,尤其是大气湿度与温度的变化,会干扰到电磁波的传播效率。在本次监测过程中,同样遇到相关问题,研究区域的最大监测距离约为 1.8 km,属于视距传播范围,由于监测是处于夏季高温期间,经常性的大气降雨和高温天气时常出现,尤其是在高温天气条件下,地基雷达监测室内部温度可达 70 ℃,对监测结果造成较大的影响,从监测试验结果来看,每当出现降雨和极端高温天气时,地基雷达图像便出现畸变现象,如图 3.31 所示。

如果需要克服上述问题,必须将地基雷达与研究区的天气情况进行综合监测分析,包括气压、空气湿度、空气温度等,并建立适合本区域的气象补偿模型,对形变监测数据进行气象数据补偿,同时在雷达扫描范围内选取较为稳定的环境参考点,分析环境参考点的稳定性,分别得到气象数据补偿和稳定的环境参考点对形变监测数据进行改正的结果。

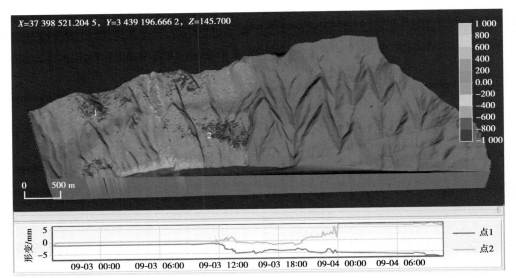

图 3.31　长期观测下地基雷达数据畸变

3.2.5　地基雷达监测应用结果的认识

本节中采用地基雷达技术对三峡库区重庆巫峡段独龙一带的高陡斜坡形变情况进行了试验应用研究,验证了该技术在本区域的适用性和存在的问题,取得主要成果及认识如下:

①从地基雷达的适用性来看,地基雷达具有部署灵活、具备面域监测的特点,因此,适合对高陡岸坡中人难以到达的区域开展监测,就巫峡段的地形特征和河道宽度而言,在江岸对面建立地基雷达监测站,开展对坡体的监测,可以实现坡体形变数据的有效获取。

②从地基雷达监测结果来看,长江水位的变动对岸坡的形变具有一定的影响,就监测区独龙 2 号至独龙 8 号斜坡区域而言,在水库水位下降过程中,坡体形变明显有增加的趋势,当水位下降到正常 145 m 水位附近后,岸坡形变逐渐回落。从形变速率来看,监测区域内各 PS 点的形变速率始终围绕中心线上下波动,没有产生持续增加的趋势,因此,可以认为研究区在监测时段内岸坡总体基本稳定。

③从监测期间形变区域的演化过程来看,在 5—6 月水库水位下降期间,形变主要集中在岸坡的中、下部,而 7—8 月岸坡形变主要集中在山体顶部,分析原因认为,5—6 月岸坡中下部的形变主要为水库水位下降引起的坡体真实形变,而 7—8

月的顶部整体形变则主要为山地松散堆积体在雨水冲刷搬运下造成的浅表形变。

④从岸坡形变部位与库岸治理的对比结果来看,在已经治理的库岸段,如龚家坊一带、独龙二号斜坡一带,形变量相对较小,而未治理的区域如茅草坡、独龙一带斜坡形变量相对较大。

⑤从近四个月的监测效果来看,地基雷达在峡谷岸坡监测上目前还存在一定的限制,主要原因是大气环境干扰较为明显,在温度、气压、空气湿度发生较大变化时,形变监测结果不够理想。因此,为了更好地推动地基雷达在三峡库区的应用,需要建立地基雷达与研究区气象综合监测机制,并在长期观测数据的基础上,建立适合本区域特征的气象补偿修正模型。

3.3 峡谷岸坡区微地震监测技术应用

现有的常规监测手段如地表位移(如 GNSS、地表位移计、地表裂缝计),这些监测技术从本质上讲仍然是现象监测,主要对岸坡失稳前浅表的变化进行捕捉,但对于坡体内部可能存在的微破裂却难以进行有效监测,从而导致预测预报的"提前量"不足。与常规监测相比,微地震监测直接监测的是岩体内部的微破裂,是对岩体破坏本质的监测,可以较现有的形变监测更早发现岸坡的变形破坏信息。因此,对三峡库区高陡岩质岸坡形变量相对较小,突发性较强的情况,微地震监测具有独特的优势。本节系统地介绍了微地震数据的去噪、定位、震源机制以及破裂损伤计算等相关的技术和方法,并在三峡库区巫峡龚家坊至独龙一带开展了微地震监测应用研究。

3.3.1 微地震监测原理

岩石在外界应力作用下,内部将产生局部弹塑性能量集中现象,当能量积聚到某一临界值之后,就会引起岩体内部微裂隙的产生与扩展,微裂隙的产生与扩展伴随着弹性波或应力波的释放,并在周围岩体内快速传播,这种弹性波在地质上称为

微地震(MS)。微破裂以弹性能释放的形式产生弹性波,每一个微地震信号都包含着岩体内部状态变化的丰富信息,并能被安装在有效范围内的传感器接收,利用多个传感器接收这种弹性波信息,如图 3.32 所示,通过反演方法就能得到岩体微破裂发生的时刻、位置和性质,即地球物理学中所谓的"时空强"三要素。根据微破裂的大小、集中程度、破裂密度,则有可能推断岩石宏观破裂的发展趋势,这便是微地震监测技术的核心思想。

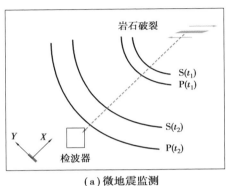
（a）微地震监测

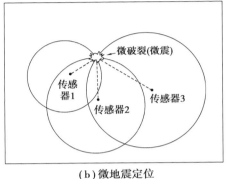
（b）微地震定位

图 3.32　微地震监测基本原理示意图

微地震监测中震源的位置、发生时刻、震源强度都是未知的,确定这些因素恰恰是微地震监测的首要任务。完成这一首要任务的方法主要是借鉴天然地震学的方法和思路。

微地震事件频谱比常规地震勘探频谱高很多,常规地震勘探频谱一般为 30 ~ 40 Hz,但微地震事件频谱可高达 1 500 Hz,有时会更高。微地震事件持续时间一般小于 1 s,从十几毫秒到 300 ms。理论上,微地震平均发生频率为 0.5 ~ 1 次/min,最高可达 60 次/min。微地震事件能量通常介于里氏 −3 级到 +1 级。另外,监测区工况条件、地质地层特征也会影响微地震信号的接收效果,影响微地震震源空间的分布。

3.3.2　微地震监测系统建设

根据监测区域的地理位置、地形地貌条件,设计了 3 条踏勘线路,优选微地震检波器监测点:

①由文峰景区沿巫峡段左岸选择浅坑检波器布设点,如图 3.33（a）所示。

②由文峰景区沿山顶步道选择浅坑检波器布设点,如图 3.33(b)所示。

③在茶店村选择浅孔检波器布设点,如图 3.33(c)所示。

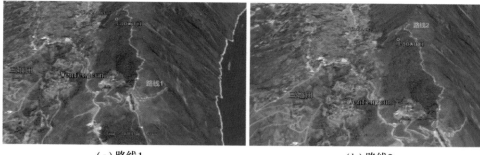

（a）路线1　　　　　　　　　　　　　　　（b）路线2

（c）路线3

图 3.33　微地震监测现场踏勘路线设计

本次研究中,微地震监测区域的设立拟与现有的地基雷达监测、常规 GNSS 监测以及 InSAR 等多种技术手段监测相互验证,因此,选择的主要监测区域为独龙一带高陡岸坡,在进行监测方案设计时,遵循下列原则:

①以独龙滑坡为监测重点,与 InSAR、地基雷达等监测手段互补。

②为进一步降低外部环境对监测结果的影响,避开工程施工场地,避开人、畜活动频繁的区域,避开高压电线路。

③根据现场初步踏勘结果,结合施工条件,采用浅坑布置监测系统设计,节约监测成本。

④选择基岩出露的区域,检波器与基岩有良好的耦合接触,且低于地表。

通过对上述方案的反复论证,结合现场实际施工条件采用浅坑检波器布设 9 台套,浅坑深度为 0.5～1 m,沿独龙斜坡山顶布设,优化后的监测方案如图 3.34 所示。其中,S1 的位置为数据采集器和检波器 S1,S2～S9 布设了单分量高灵敏度检波器,检波器间距为 20 m。

图 3.34　独龙斜坡微地震监测实施方案

3.3.3　设备选型与指标

微地震监测系统主要由数据采集器、检波器、太阳能电池板、蓄电池、路由器、无线发射器等组成。核心部件为数据采集仪和检波器,如图 3.35 所示。

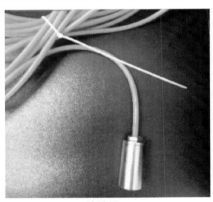

（a）检波器

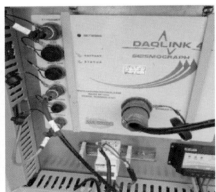

（b）数据采集仪

图 3.35　微地震检波器和数据采集仪

数据采集仪的具体指标如下:

①型号:Sigma DAQ Link 数据采集器。

②设备性能:多模式数据采集触发,采样频率最高为 0.5 ms。

③通道数:24 通道、32 位高精度 A/D。

④工作电压:12 V 电压供电。

⑤内存:256 G 内存。

⑥信号传输:支持 4 G、Wi-Fi 路由数据传输。

检波器的具体指标如下:

①型号:VAQ 单分量高灵敏度宽频带。

②设备性能:尺寸大小为 50 mm×130 mm。

③电阻:43 kΩ。

④灵敏度:优于 200 V/m/s。

⑤频率范围:5 ~ 1 200 Hz。

在本次研究过程中,信号采集频率为 100 次/s,数据采用现场存储方式,每月读取一次数据进行室内分析处理。

3.3.4 研究区微地震信号去噪及信号频率特征分析

1)信号去噪方法

高信噪比、高分辨率、高保真度一直是高分辨率地震勘探所追求的目标,其中信噪比是基础,提高地震资料信噪比是地震资料处理的首要任务。由于微地震的有效信号能量较弱,震级一般小于零级,易于被噪声掩盖,且噪声类型复杂多样,资料的信噪比极低,有效信号完全淹没在噪声中,因此,与常规地震资料相比,微地震资料的去噪显得更为重要。如果直接采用信噪比较差的微地震资料进行速度分析与微地震事件定位,那么将会对最终结果产生严重影响。尽管目前抗噪性较好的微地震事件定位技术取得了一定进展,但是其定位效果都不理想,这在很大程度上是受微地震资料信噪比的影响。可见,微地震资料去噪效果的好坏是整个微地震资料处理流程的关键。

微地震记录的降噪方法有多种:低通/高通/带通/带阻滤波、自适应滤波、小波变换降噪、独立分量降噪等。在本次研究中,采用基于 SURE 算法的小波变换降噪,多分辨率 SURE 算法对信号采用多尺度、自适应、软取阈值的分析,在不同的分解层次上选取不同的阈值对小波系数进行滤波处理。SURE 法的基本原理及过程

如下:

假设接收到的微地震信号 $X(t) = f(t) + w(t)$, $f(t)$ 为信号, $w(t)$ 为噪声。设 B 为规范正交基, $B = \{g_m\}$, $0 \leq m < N$, g_m 为滤波器系数, m 为分解层次下的小波系数个数。带噪信号 $X(t)$ 在规范正交基 B 下分解为高频小波系数 $W_B[m]$ 和低频小波系数 $f_B[m]$, 且满足:

$$X_B[m] = f_B[m] + W_B[m] \qquad (3.20)$$

式中 $X_B[m]$ ——$X(t)$ 的小波系数。

带噪信号 $X(t)$ 通过一个决策算子 D 来估计原信号 $f(t)$, 决策算子 D 是正交基 B 下的投影, 通过优化 D 以便最小化期望风险, 所得的估计子为:

$$F = DX = \sum_{m=0}^{N-1} d_m(X_B[m]) g_m \qquad (3.21)$$

式中 g_m ——滤波器系数;

d_m ——阈值函数。

对不同的取阈值方式有:

①硬取阈值:

$$d_m(x) = \rho_T(x) = \begin{cases} x, & \text{若 } |x| > T \\ 0, & \text{若 } |x| \leq T \end{cases} \qquad (3.22)$$

②软取阈值:

$$d_m(x) = \rho_T(x) = \begin{cases} x - T, & \text{若 } x \geq T \\ x + T, & \text{若 } x \leq -T \\ 0, & \text{若 } |x| \leq T \end{cases} \qquad (3.23)$$

在小波基下, 阈值估计子可改写为:

$$F = \sum_{j=1}^{J} \sum_{m=0}^{2^{-j}} \rho_T(< X, \Psi_{j,m} >) \Psi_{j,m} + \sum_{m=0}^{2^{-J}} \rho_T(< X, \varphi_{J,m} >) \varphi_{J,m} \qquad (3.24)$$

式中 J ——分解层次;

Ψ ——小波;

φ ——尺度函数;

$\rho_T(x)$ ——硬(或软)取阈值函数;

$< X, \Psi_{j,m} >$ ——小波分解系数。

由式(3.24)可知, 对阈值估计方法, 估计风险的大小与阈值密切相关。为了提高信号的信噪比, 可通过最小化风险估计, 计算自适应于数据或小波分解系数的阈值。

设 $r(f,T)$ 为阈值 T 时的估计子风险,由带噪数据 $X(t)$ 计算而得,T 可以通过求极小化的 $r(f,T)$ 而被优化。Donoho 和 Johnstone[63]认为可用 $|X_B[m]|^2 - \sigma^2$ 来估计 $|f_B[m]|^2$,所得的估计子为:

$$\tilde{r}(f,T) = \sum_{m=0}^{N-1} \varphi(|X_B[m]|^2) \qquad (3.25)$$

其中

$$\varphi(u) = \begin{cases} u - \sigma^2, & \text{若 } u \leqslant T^2 \\ \sigma^2 + T^2, & \text{若 } u > T^2 \end{cases} \qquad (3.26)$$

忽略 f 的影响,从而可由小波系数的中位 M_x 来估计噪声的标准差:

$$\sigma = \frac{M_x}{0.6745} \qquad (3.27)$$

此时,$\tilde{r}(f,T)$ 就是 Stein 无偏风险估计子(SURE)。

为了寻找最小的 SURE 估计子 $\tilde{r}(f,T)$,需要将 N 个小波系数 $X_B[m]$ 以降序排列,寻找第 1 个小波系数,满足

$$X_B[l] \leqslant T \leqslant X_B[l+1] \qquad (3.28)$$

则,式(3.25)可以改写为:

$$\tilde{r}(f,T) = \sum_{k=l}^{N} |X_B[k]|^2 - (N-l)^2\sigma^2 + l(\sigma^2 + T^2) \qquad (3.29)$$

当取 $T = X_B[l]$ 时,可以得到最小化的 $\tilde{r}(f,T)$。

将阈值选取自适应于尺度 2^j,可形成多分辨率 SURE 阈值算法:在大尺度 2^j 中,阈值 T_j 应较小,以避免将太多的大幅值信号系数置为零,这样会增加风险;在小尺度 2^j 中,阈值 T_j 应比较大,能准确地将信号与噪声的小波系数分辨出来,达到降噪的目的。

SURE 算法降噪流程如图 3.36 所示。图 3.36(a)为小波变换降噪的处理流程,虚线方框内为 SURE 算法,算法实现流程如图 3.36(b)所示。

SURE 算法降噪步骤如下:

①载入采集的微地震监测数据。

②采用 Daubechies 小波或 Symlets 小波作为母小波函数。

③通过小波变换分解微地震监测数据。

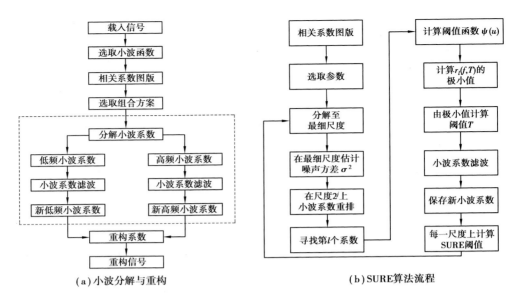

(a)小波分解与重构　　　　　　　(b)SURE算法流程

图 3.36　小波变换降噪处理流程

④建立最大相关系数图版,并从相关系数图版中选取最优的消失矩、分解层次和对应的小波系数。

⑤选取对应的分解层次的细节系数,保存每个系数的序号。

⑥对第 j 层的细节系数按从大到小重新排序。

⑦计算重排后的细节系数的中值。

⑧根据步骤⑦计算的中值和式(3.27)计算估计子的极小值。

⑨根据步骤⑧计算的极小值和式(3.21)计算阈值。

⑩重复步骤⑥～⑧计算各分解层次的阈值,对各层细节系数进行比较,大于阈值绝对值的保留,小于阈值绝对值的按式(3.23)计算新阈值。

⑪保存各层新的细节系数。

⑫采用隔点插零法重构信号,得到降噪后的微地震监测信号。

对近似系数和新的细节系数进行小波重构,从而得到 SURE 算法降噪后的微地震监测数据。为了验证 SURE 算法的降噪性能,选取某一段微地震监测原始采集数据进行降噪处理,降噪效果与常用软件的带通滤波相对比,信噪比可提高 2～3 倍。降噪结果如图 3.37 所示。其中,滤波器参数为 32 阶 Hamming 窗滤波器,通带截止频率为 600～1 500 Hz,阻带衰减 30 dB。图 3.37(a)为原始采集的波形,图 3.37(b)为带通滤波器降噪后的波形,图 3.37(c)为利用小波变换降噪后的波形。从图中可以看出,利用带通滤波器降噪后,噪声幅度比较大,P波初至不明显;而小波变换降噪后,P波初至较为明显。

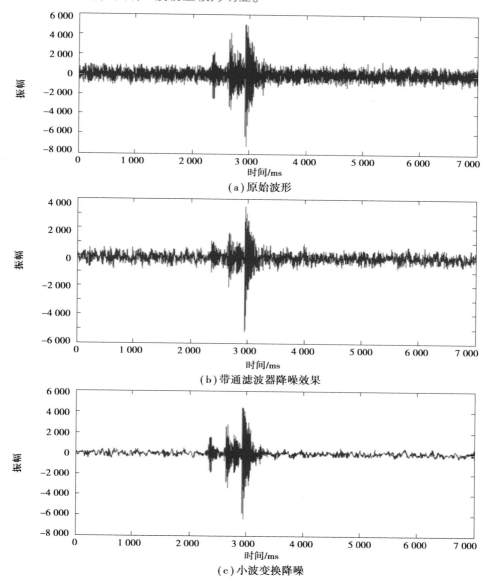

(a)原始波形

(b)带通滤波器降噪效果

(c)小波变换降噪

图3.37 小波变换降噪结果与带通滤波器降噪结果对比

2)研究区信号去噪

原始采集数据如图3.38所示,可见9个通道(1,2,3,9,10,11,15,18,22)检波器工作正常。

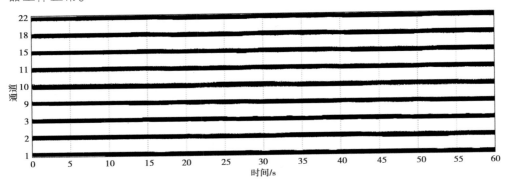

图 3.38　采集的背景噪声数据(9 个通道)

通过对 24 个通道的数据进行噪声分析,未连接检波器的通道噪声干扰非常小,电压幅度低于 $6.56×10^{-6}$ V,干扰可以忽略。已连接检波器的通道噪声较大,电压幅度约 $9.33×10^{-5}$ V,其中,通道 3 由于靠近水池和高压箱,噪声幅度较大,为信号识别和去噪处理带来了极大的挑战,如图 3.39 所示。

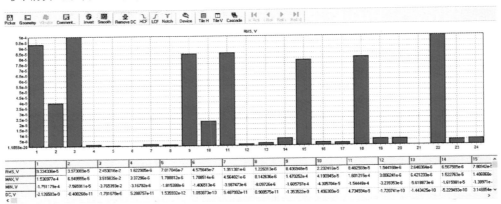

图 3.39　原始数据噪声分析(24 个通道)

对信号做 FFT,由于是浅坑埋设,附近有高压电缆,噪声主要由环境噪声和 50 Hz 工频噪声构成,如图 3.40 所示。

根据上述噪声分析,对本次研究过程中的微震数据,首先采用 50 Hz 陷波器和低通滤波器对原始信号进行去噪处理,再采用基于小波变换的 SURE 算法对噪声数据进行二次去噪处理,效果如图 3.41 所示,信噪比得到有效提高,岩石破裂信号的 P 波初至能清晰识别。

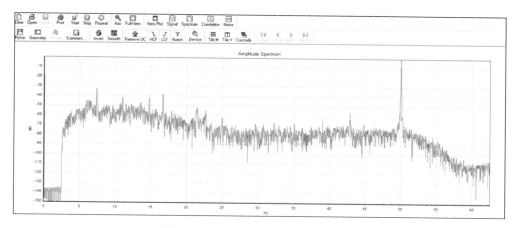

图3.40 原始数据频谱(第1通道)

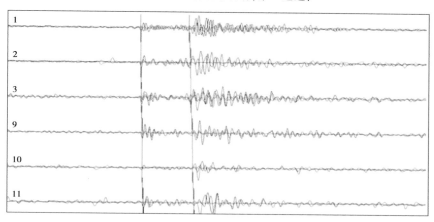

图3.41 采用基于小波变换的SURE算法对信号去噪效果图

3)研究区微地震信号特征分析

基于小波变换,将去噪后的微地震监测数据做时频分析,结果如图3.42和图3.43所示。

从图3.42和图3.43中可以看出,本次研究区微地震事件的频率相对集中,信号频率主要集中在5~30 Hz,其中,卓越频率在15 Hz左右,且包含了多个低频的面波,此外存在一个频率约50 Hz的高强度脉冲,说明接收到的信号包含了多个声源或震动信号,地表检波器受环境干扰较大,岩石破裂信号叠加在多个干扰源中。结合现场干扰环境,频率为50 Hz的高强度脉冲信号主要受山顶步道施工布设的高压电缆影响,50 Hz脉冲信号为工频干扰信号,因此,在分析中不将其列入岩体破裂信号主频范围。

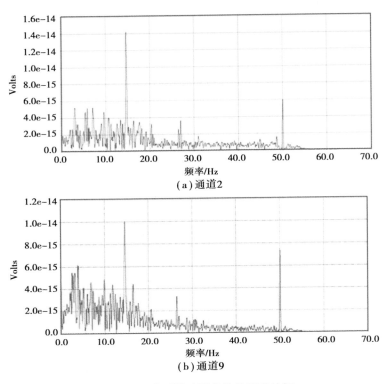

（a）通道2

（b）通道9

图 3.42　典型微地震事件的频率特征

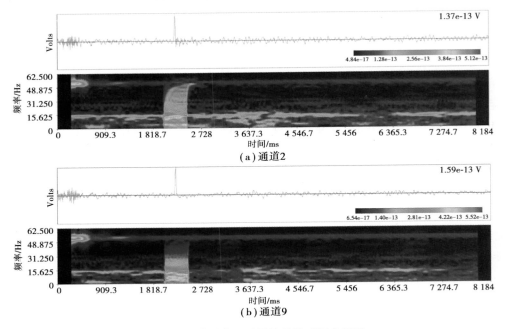

（a）通道2

（b）通道9

图 3.43　典型岩石破裂信号的时频分析图

4）微地震信号特征与前人对比

关于岩石边坡在人类工程活动影响下的微地震信号特征，国内外学者[64,65]做了大量的研究，为了验证本次微地震监测信号的可靠性，将本次监测得到的微地震信号与锦屏电站坝肩微地震信号的波形和时频特征[64]进行了对比。锦屏电站坝肩微地震信号的波形和时频特征如图3.44所示。

从波形上看，研究区岩石破裂信号特征与锦屏电站岩石边坡破裂微地震信号高度接近，均具有明显的P波初至，完全符合岩石破裂微地震信号特征，因此，可以确定研究区所采集到的微地震信号实为岩体破裂微地震信号。

从主频上看，研究区岩石破裂微地震信号主频率与锦屏电站边坡岩石微地震信号有较大差异，锦屏电站岩石破裂微地震信号主频率为数百赫兹，而本区域微地震信号主频率约15 Hz，本区域自然岩质边坡微地震信号频率明显较低。分析原因，主要有两个方面：一方面是岩石强度特征的差异，李俊平等[66]在不同岩石的单轴压缩声发射试验中发现，岩体强度越高，主频越宽。就锦屏电站边坡而言，其坝肩岩性主要为大理岩，岩石强度为60~75 MPa，而研究区以三叠系嘉陵江组灰岩为主，岩石强度为40~50 MPa，尤其是在山体表面附近，在风化、裂隙等影响下，强度更低，二者在强度上有较大差异，因此，按照强度越高、主频越宽的理论，本区域微地震信号的主频宽度应较锦屏电站更窄。另一方面是岩体所受应力状态的差异，根据He等[67]在石灰岩岩爆试验声发射信号频率特征分析中发现，低应力状态下声发射信号以低频为主，高应力状态下以高频为主。从文献资料来看[64]，锦屏电站坝肩边坡处于高应力区域，尤其是在蓄水后，在坝肩处承受了来自大坝的巨大作用，相比而言，在本区域，采集到的破裂微地震信号多集中在山顶附近，且破裂点多在岩体表面附近，其所受的力主要来自岩体浅表的自重应力，因此，应力水平极低，按照高应力状态下以高频为主、低应力状态下以低频为主的理论，本区域岩体破裂微地震信号以低频为主的结果是合理的。

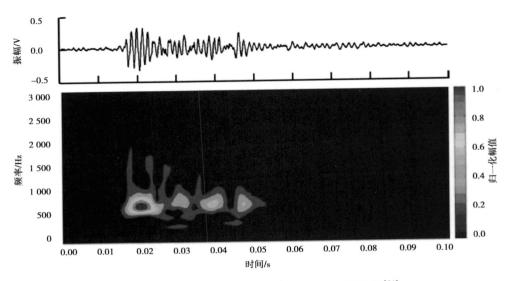

图 3.44 锦屏电站坝肩微地震信号波形和时频特征[64]

3.3.5 研究区微地震事件定位

1)定位原理

现行的线性定位方法大都源于 1912 年 Geiger 提出的经典方法:设 n 个台站的观测到时为 $t_1, t_2, \cdots, t_n$,求震源(x_0, y_0, z_0)及发震时刻 t_0,使得目标函数最小。

$$\varphi(t_0, x_0, y_0, z_0) = \sum_{i=1}^{n} r_i^2 \qquad (3.30)$$

式中 r_i——到时残差,

$$r_i = t_i - t_0 - T_i(x_0, y_0, z_0) ; \qquad (3.31)$$

T_i——震源到第 i 个台站的计算走时。

使目标函数取极小值,即

$$\nabla_\theta \varphi(\boldsymbol{\theta}) = \mathbf{0} \qquad (3.32)$$

其中,$\boldsymbol{\theta} = (t_0, x_0, y_0, z_0)^{\mathrm{T}}$,$\nabla_\theta = \left(\dfrac{\partial}{\partial t_0}, \dfrac{\partial}{\partial x_0}, \dfrac{\partial}{\partial y_0}, \dfrac{\partial}{\partial z_0}\right)^{\mathrm{T}}$ 更方便,记为

$$\boldsymbol{g}(\boldsymbol{\theta}) = \nabla_\theta \varphi(\boldsymbol{\theta}) \qquad (3.33)$$

在真解 $\boldsymbol{\theta}$ 附近任意试探解 $\boldsymbol{\theta}^*$ 及其校正矢量 $\delta\boldsymbol{\theta}$ 满足

$$g(\boldsymbol{\theta}^*) + [\nabla_\theta g(\boldsymbol{\theta}^*)^{\mathrm{T}}]^{\mathrm{T}} \delta\boldsymbol{\theta} = 0 \tag{3.34}$$

也就是，

$$[\nabla_\theta g(\boldsymbol{\theta}^*)^{\mathrm{T}}]^{\mathrm{T}} \delta\boldsymbol{\theta} = -g(\boldsymbol{\theta}^*) \tag{3.35}$$

由 φ 的定义可得式(3.35)的具体表达式为：

$$\sum_{i=1}^n \left[\frac{\partial r_i}{\partial \theta_j} \frac{\partial r_i}{\partial \theta_k} + r_i \frac{\partial^2 r_i}{\partial \theta_j \partial \theta_k} \right]_{\theta^*} \delta\theta_j = - \sum_{i=1}^n \left(r_i \frac{\partial r_i}{\partial \theta_k} \right)_{\theta^*} \tag{3.36}$$

若 $\boldsymbol{\theta}^*$ 偏离真解 $\boldsymbol{\theta}$ 不大，则 $r_i(\boldsymbol{\theta}^*)$ 和 $\left(\dfrac{\partial^2 T_i}{\partial \theta_j \partial \theta_k} \right)_{\theta^*}$ 较小，可忽略二阶导数项，式

(3.36)被简化为线性最小二乘解：

$$\sum_{i=1}^n \left[\frac{\partial r_i}{\partial \theta_j} \frac{\partial r_i}{\partial \theta_k} \right] = - \sum_{i=1}^n \left(r_i \frac{\partial r_i}{\partial \theta_k} \right)_{\theta^*} \tag{3.37}$$

以矩阵形式表示，式(3.37)为：

$$\boldsymbol{A}^{\mathrm{T}} \boldsymbol{A} \delta\boldsymbol{\theta} = \boldsymbol{A}^{\mathrm{T}} \boldsymbol{r} \tag{3.38}$$

其中

$$\boldsymbol{A} = \begin{pmatrix} 1 & \dfrac{\partial T_1}{\partial x_0} & \dfrac{\partial T_1}{\partial y_0} & \dfrac{\partial T_1}{\partial z_0} \\ \vdots & \vdots & \vdots & \vdots \\ 1 & \dfrac{\partial T_n}{\partial x_0} & \dfrac{\partial T_n}{\partial y_0} & \dfrac{\partial T_n}{\partial z_0} \end{pmatrix}_{\theta^*}, \boldsymbol{r} = \begin{pmatrix} r_1 \\ \vdots \\ r_n \end{pmatrix}$$

若二阶导数项不可忽略，则式(3.38)给出非线性最小二乘解：

$$[\boldsymbol{A}^{\mathrm{T}} \boldsymbol{A} - (\nabla_\theta \boldsymbol{A}^{\mathrm{T}}) \boldsymbol{r}] \delta\boldsymbol{\theta} = \boldsymbol{A}^{\mathrm{T}} \boldsymbol{r} \tag{3.39}$$

通常各台站的到时数据具有不同的精度，如果不加以区别，则具有较低精度的数据将严重干扰结果的精度，这一问题可以通过引入加权目标函数来解决。设各台站到时残差 r_i 的方差为 σ_i^2，引入加权目标函数为：

$$\varphi_r(\boldsymbol{\theta}) = \sum_{i=1}^n r_i^2(\boldsymbol{\theta}) \frac{1}{\sigma_i^2} \tag{3.40}$$

按照上述同样的步骤，通过求取式(3.40)的极小值，得到如下加权线性最小二乘解为：

$$\boldsymbol{A}^{\mathrm{T}} \boldsymbol{C}_r^{-1} \boldsymbol{A} \delta\boldsymbol{\theta} = \boldsymbol{A}^{\mathrm{T}} \boldsymbol{C}_r^{-1} \boldsymbol{r} \tag{3.41}$$

式中　$\boldsymbol{C}_r$——加权方差矩阵：$\boldsymbol{C}_r = \mathrm{diag}(\sigma_1^2, \cdots, \sigma_n^2)$。

由式(3.39)至式(3.41)求得 $\delta\boldsymbol{\theta}$ 后，以 $\boldsymbol{\theta} = \boldsymbol{\theta}^* + \delta\boldsymbol{\theta}$ 作为新的尝试点，再求解相

应方程。如此反复迭代,直至 φ 或 φ_r 足够小(或满足一定的循环结束条件),此时即得估计解 $\hat{\boldsymbol{\theta}}$。

在实际应用过程中,为了更加快速精准地对破坏点进行定位,常在 Geiger 经典定位算法的基础上,再结合网格搜索法进行微地震破坏点的快速精准定位。

2)研究区微地震定位结果及分析

对研究区微地震监测数据采用经典的 Geiger 网格搜索法,结合每个检波器拾取的旅行时、射线路径和建立的精细速度模型计算。假定在特定的网格中搜索到的极小值不是局部最小值,将重新建立新的网格密度。在网格算法中,首先建立初始网格,搜索最小误差位置。算法假定这个最小值与全局最小值是相近的,然后在这个位置自动生成一个更小、更好的网格,并在这个网格中搜索到最小的误差位置。通过不断迭代搜索,直到得到用户满意的定位结果。整个搜索过程如图 3.45 所示。

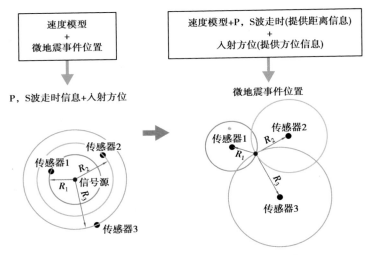

图 3.45 网格搜索法定位示意图

监测设备于 2019 年 6 月 25 日成功安装,根据近 2 年的微地震监测,发现在独龙斜坡主要有 3 个斜坡带(独 2、独 3 和独 4)发生岩石破裂事件,共接收到岩石破裂信号 46 个,事件深度为 5 ~ 25 m,破裂点较为分散,没有形成连通裂缝,裂缝延伸方向为北西—南东向。将微地震事件的坐标投影在 Google Earth 软件(图 3.46),发现岩石破裂事件主要发生在独 2 斜坡的上段、独 3 斜坡带的顶部(靠近山顶)、独 4 斜坡的上段。对独 3 斜坡带顶部进行现场核查,发现岩石破裂事件主要出现在山顶观测系统附近陡峭的斜坡,建议在此陡坡增设变形测量点,并开展长期监测。

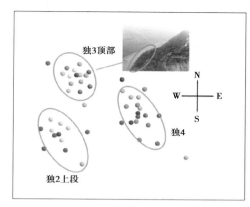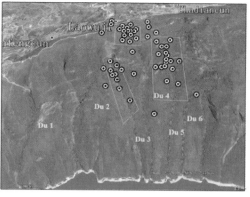

图 3.46　独龙斜坡历史监测定位结果(2019 年 7 月—2020 年 7 月)

3.3.6　微地震事件震源机制及岩体损伤分析

1)震源机制求取

震源机制可以用走向、倾角和滑动角来表征,并通过这 3 个参数确定双力偶源矩张量的各个组分。对矩张量的每个分量,可以用离散波数方法来计算其格林函数。该方法设定地震和台站之间的结构可以用一维层状介质模型来代替。对已知矩张量的某个震源,其在某个台站的理论地震波形可以表示为格林函数的加权线性组合:

$$V_i^n = \sum_{j=1}^{3} \sum_{k=1}^{3} m_{jk} G_{ij,k}^n(t) \times s(t) \qquad (3.42)$$

式中　V_i^n——在台站 n 上计算的理论波形的第 i 个(北向、东向或垂向)分量;

　　　m_{jk}——震源的矩张量分量;

　　　$G_{ij,k}^n(t)$——在台站 n 上矩张量分量 m_{ij} 所对应的格林函数的第 i 个分量;

　　　$s(t)$——震源时间函数。

地震位置通常由走时定位方法提供,由于速度结构的不确定性和到时信息存在的误差,地震定位通常会有一定的误差,尤其是在深度上。所以在对观测波形数据和模拟波形数据进行匹配时,不仅要对震源机制解进行搜索,通常还要在地震目录定位附近区域进行搜索,确定最佳地震位置。在进行网格搜索前,会对可能发生的地震位置和震源机制解建立一个格林函数库。当进行网格搜索时,就只需将已经计算的格林函数 $G_{ij,k}^n(t)$ 震源时间函数 $s(t)$ 和权重因子 m_{jk} 线性组合起来。

为了搜寻到最优解,Li 等[68]建立了一个表征观测和模拟数据之间匹配度的目标函数。目标函数包含了地震记录波形信息的 4 个不同方面。其表达式为:

$$maximize[\,J(x,y,z,str,dip,rake,ts)\,] =$$

$$\sum_{n=1}^N \sum_{i=1}^3 \left\{ a_1 \max(d_j^n \otimes v_j^n) - a_2 \left| d_j^n - v_j^n \right|_2 + a_3 f\left[pol(d_j^n), \right. \right.$$

$$pol(v_j^n)\,] + a_4 h\left[rat\left(\frac{S(d_j^n)}{P(d_j^n)}\right), rat\left(\frac{S(v_j^n)}{P(v_j^n)}\right) \right] \right\} \tag{3.43}$$

式中 d_j^n ——归一化的地震记录;

v_j^n ——归一化的模拟波形;

a_1, a_2, a_3, a_4 ——每项相应的权重系数。

目标函数式中第一项表示归一化的实际数据与模拟数据之间的最大波形互相关系数,它对相位的差异特别敏感,而且通过波形互相关可以确定观测记录和模拟波形之间的时移,从而将二者对齐。目标函数第二项计算的是对齐的模拟波形与观测波形差值的二范数,通过获取最小二范数使得模拟与观测波形的归一化振幅最相近。互相关系数最大化和振幅差异最小化是同时匹配波形的相似性和振幅的准确性。尽管前两项在不同频带范围具有不同的灵敏度,但它们之间不是相互独立的,两者结合起来能够更准确地表征波形的相似性。模拟波形与观测数据 P 波初动极性的一致性是决定震源机制的重要因素,因此,式中第三项引入评估观测数据和模拟波形的 P 波初动一致性,第三项中"pol"是一个带权重的符号函数,可以表示为 $\{\beta, -\beta, 0\}$,其中,β 表示对拾取的观测记录的 P 波初动极性的信任度,0 表示分辨不出初动极性。f 是相应的惩罚因子,极性一致时输出正值,极性不一致时输出负值,以此来平衡初动极性的作用。横纵波的振幅比对确定震源机制也非常重要,目标函数式中第四项通过评估模拟数据与观测数据纵横波振幅比的一致性对震源机制加以约束修正。

通常情况下,考虑横纵波振幅差异很大,为了平衡纵横波的贡献,我们需要先把它们分开,类似于常用的方法。通过利用基于程函方程有限差分求解的走时计算程序计算出 P 波和 S 波的初至时刻,将每个台站上接收的波形在 S 波开始的时刻分成 P 波和 S 波两个部分。为了减小初至时刻不确定性的影响,我们先通过初至将波列初步对齐,再通过波形互相关校正将模拟波形与观测波形对齐。

整个方法的处理流程可以概括如下：

①利用设定的速度模型计算格林函数库。

②使用有限差分走时计算程序计算出 P 波和 S 波的走时，根据走时信息将波形分成 P 波和 S 波。

③对分开的 P 波和 S 波段，通过模拟和观测数据的互相关确定时移，计算对齐的模拟和观测数据的最大互相关值和二者之差的二范数，辨识和标记 P 波初动极性，分别计算 P 波和 S 波段的平均振幅。

④通过求取目标函数最大值确定优化的震源机制解。

2）研究区震源机制分析

从独龙 2 至独龙 4 斜坡的 46 个微地震事件中选取了 6 个事件做微地震震源机制分析，反演斜坡破裂走向、倾角和滑动角，反演结果见表 3.3 和图 3.47 所示。该研究区主要用破裂走向、倾角、滑动角 3 个分量表征，破裂走向指断层面与水平面交线的方向，倾角是指断层面与水平面的夹角，范围为 0°～90°，滑动角是指在断层面上量度，从走向方向逆时针量至滑动方向的角度为正，顺时针量至滑动方向的角度为负，范围为-180°～180°。3 个参数可用震源机制（沙滩球）表述，阴影区如果在中间，表示为逆断层或逆冲断层，无色区在中间表示为正断层。

表 3.3 独龙 2 至独龙 4 斜坡微地震事件的震源机制统计表

序号	破裂走向/(°)	倾角/(°)	滑动角/(°)
1	78	42	-90.4
2	67	45	-85.1
3	75	48	-101
4	65	51	-81.6
5	82	53	-97.3
6	77	45	-84.1

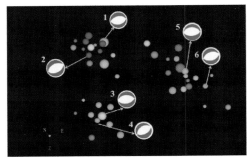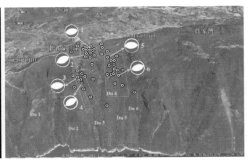

图 3.47　独龙斜坡微地震事件震源机制及投影

根据震源机制反演结果,在独 3 斜坡顶部的微地震事件 1 和事件 2,破裂走向近东西向,倾角在 45°左右,滑动角接近-90°,判断独 3 斜坡顶部的破裂是左旋正断层机制。在独 2 斜坡上段的微地震事件 3 和事件 4,破裂走向为 77°~82°,倾角大于 45°,滑动角接近-90°,判断独 2 斜坡上段的破裂是左旋正断层机制。在独 4 斜坡上段的微地震事件 5 和事件 6,破裂走向近东西向(77°~82°),倾角大于 45°,滑动角接近-90°,判断独 4 斜坡上段的破裂是左旋正断层机制。

图 3.48 为独龙斜坡 6 个微地震事件得到的玫瑰图。微地震事件的破裂走向为 65°~82°,倾角为 42°~53°,滑动角为-101°~-84°。通过震源机制分析,独龙斜坡岩体破裂是在降雨、溶蚀、重力等作用下引起岩石发生破裂,破裂走向近东西向,倾角在 45°左右,滑动角接近-90°。根据上述破裂机制的反演结果,结合本区域岸坡发育的走向、倾向情况可以得出结论,本区域岸坡内部破裂的发展规律为走向上大致按照岸坡走向发展,倾向上以接近岸坡倾角由坡顶向坡脚方向发展,微震反演结果与现场调查及地质力学分析结果一致。

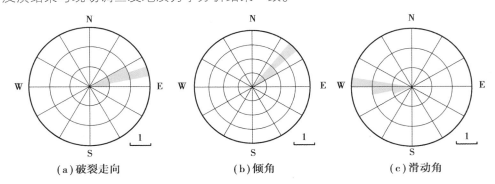

| (a)破裂走向 | (b)倾角 | (c)滑动角 |

图 3.48　独龙斜坡震源机制玫瑰图

3）基于微地震信号的岸坡损伤定量分析

岩体的破坏,归根结底是能量的释放,前人的研究表明[50-69],岩石破坏过程中释放和耗散的能量与岩石强度之间有着密切关系,结合岩体微地震监测的特点,建立岩质边坡稳定性的微地震损伤模型。定义微地震震源尺寸范围内的岩体单元损伤变量 D 为该单元分配到的能量 ΔU 与岩体单元可释放应变能 U^e 的比值,其中, ΔU 因基于微地震监测到的地震辐射能 U_M 和地震效率 η 反算得:

$$D = \frac{\Delta U}{U^e} = \frac{\dfrac{U_M}{\eta}}{U^e} = \frac{U_M}{\eta U^e} \tag{3.44}$$

式中　U_M——可以从震源信息中获得;

　　　η——依然选用马克给出的数值为 0.003% 。

当岩体的初始弹性模量 E_0、泊松比 γ 和 3 个主应力已知时, U^e 可以按下式获得:

$$U^e = \frac{1}{2E_0}\left[\sigma_1^2 + \sigma_2^2 + \sigma_3^2 - 2\gamma\left(\sigma_1\sigma_2 + \sigma_2\sigma_3 + \sigma_1\sigma_3\right)\right] \tag{3.45}$$

本次研究中,在考虑微地震形变过程中,以平面形态为基础,忽略第二主应力的影响,仅考虑最大主应力和最小主应力,则上式可简化为:

$$U^e = \frac{1}{2E_0}\left(\sigma_1^2 + \sigma_3^2 - 2\gamma\sigma_1\sigma_3\right) \tag{3.46}$$

显然,根据式(3.46)的理论,在知道研究区岩体的弹性模量和泊松比的条件下,只需求出坡体内部任意点的最大最小主应力,则可以相应地求出在微地震监测下的岩体单元损伤变量 D,在知道损伤变量的前提下,即可将微地震信号对坡体稳定性影响大小进行分级。下面重点对坡体内任意点的最大最小主应力进行分析。

将岸坡视为平面应变问题,忽略中间主应力影响,以坡顶线与坡面线的交点为原点,建立如图 3.49 所示的平面直角坐标系。

设斜坡面与 y 轴的夹角为 α,岩体密度为 ρ,岩土体侧压系数为 λ,忽略构造应力的影响,只考虑自重应力状态,则由弹性力学理论可知,应力函数 φ 可表示为 x, y 的三次函数,因此,将所对应的应力函数表示为:

$$\varphi = ax^3 + bx^2y + cxy^2 + dy^3 \tag{3.47}$$

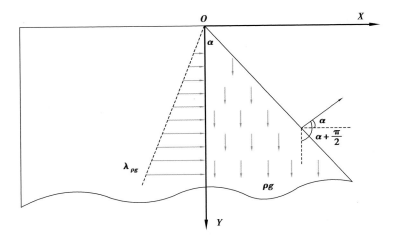

图 3.49　坡体内主应力计算示意图

相应地,可求出以应力函数表示的应力分量:

$$\begin{cases} \sigma_x = \dfrac{\partial^2 \varphi}{\partial y^2} - Xx = 2cx + 6dy \\[2mm] \sigma_y = \dfrac{\partial^2 \varphi}{\partial x^2} - Yy = 6ax + 2by - \rho gy \\[2mm] \tau_{xy} = -\dfrac{\partial^2 \varphi}{\partial x \partial y} = -2bx - 2cy \end{cases} \tag{3.48}$$

引入边界条件,当 $x=0$,$(\sigma_x)_{x=0} = -\lambda \rho gy$,$(\tau_{xy})_{x=0} = 0$ 时,将其代入式(3.48),可得:

$$d = -\frac{\lambda \rho g}{6}, c = 0 \tag{3.49}$$

将其代入应力分量表达式,有:

$$\begin{cases} \sigma_x = -\lambda \rho gy \\[1mm] \sigma_y = 6ax + 2by - \rho gy \\[1mm] \tau_{xy} = -2bx \end{cases} \tag{3.50}$$

考虑坡面情况,$x = y \tan \alpha$,令 $l = \cos \alpha$,$m = \cos\left(\dfrac{\pi}{2} + \alpha\right) = -\sin \alpha$,于是该坡面边界条件可表示为:

$$\begin{cases} l(\sigma_x)_{x=y\tan\alpha} + m(\tau_{xy})_{x=y\tan\alpha} = 0 \\[1mm] l(\tau_{xy})_{x=y\tan\alpha} + m(\sigma_y)_{x=y\tan\alpha} = 0 \end{cases} \tag{3.51}$$

将其代入式(3.50),可得:

$$a = \frac{\rho g}{6} \cot \alpha - \frac{\lambda \rho g}{3} \cot^3 \alpha, b = \frac{\lambda \rho g}{2} \cot^2 \alpha \tag{3.52}$$

于是,在自重应力作用下,如图3.49所示的坡体内部任意一点的应力可以表示为:

$$\begin{cases} \sigma_x = -\lambda \rho g y \\ \sigma_y = (\rho g \cot \alpha - 2\lambda \rho g \cot^3 \alpha) x + (\lambda \rho g \cot^2 \alpha - \rho g) y \\ \tau_{xy} = \tau_{yx} = -\lambda \rho g x \cot^2 \alpha \end{cases} \tag{3.53}$$

式(3.53)给出了在自重应力条件下,岸坡内部任意点处在 x,y 方向,即在水平和垂直方向上的应力状态表达式。大量研究表明,在倾斜坡体内部,尤其是接近坡面的区域,其内部主应力分布并非沿水平方向和垂直方向,而是沿坡面发生一定的偏转,即最大主应力近似平行于坡体表面,而最小主应力则近似垂直于坡体表面。坡体内部最大、最小主应力分布如图3.50所示。

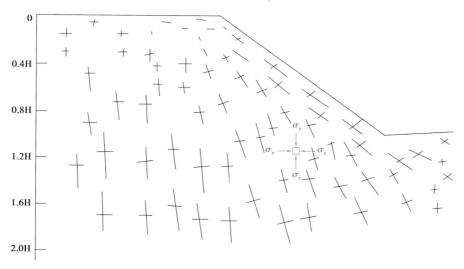

图3.50　边坡的主应力分布示意图

在实际工程中,坡体的破坏厚度与坡体的整体厚度相比要小得多。因此,可以认为坡体发生破坏的区域接近坡体表面,则相应的破坏位置处的最大主应力平行于坡面,最小主应力垂直于坡面。在坡体内取任意微元,将其在水平和垂直方向的应力沿平行于坡面和垂直于坡面分解,从而得到最大主应力和最小主应力,结果如下:

$$\begin{cases} \sigma_1 = \sigma_x \sin \alpha + \sigma_y \cos \alpha \\ \sigma_3 = \sigma_y \sin \alpha - \sigma_x \cos \alpha \end{cases} \quad (3.54)$$

其中,σ_x,σ_y 按照式(3.53)求得,有了坡体内任意点的最大最小主应力,将其代入式(3.46)中,即可求得在自重应力作用下岩体内部任意点的可释放的应变能,并将其代入式(3.44)中,即可求得微地震监测点的损伤变量。

根据本次监测得到的微地震事件特征,对独龙 2 号至独龙 4 号斜坡顶部的内部损伤情况进行计算,并得到岩体内部损伤如图 3.51 所示。

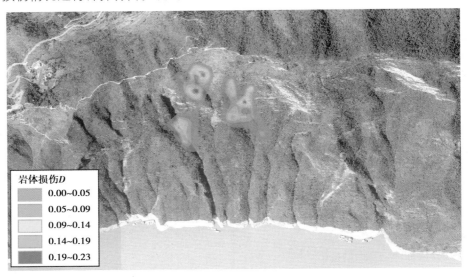

图 3.51　独龙斜坡顶部岩体内部损伤情况

从计算结果来看,独龙 2 号至独龙 4 号斜坡上部岩体内部损伤量均较小,损伤变量 D 值为 0.000 12 ~ 0.23,其中,损伤变量 D 值小于 0.05 的破裂点占比为 93.4%,说明在监测期间内,岩体内部损伤非常轻微。损伤量最大的破裂点位于独龙 3 号斜坡顶端的突出岩体内,损伤相对较大的区域(图 3.51 中红色区域)呈零星分布,未形成集中连片的情况,综合以上几点可认为监测区岩体内部裂隙尚处于孕育阶段,较大尺度的宏观裂隙尚未形成,更未形成贯通性的结构面,岩体当前整体稳定状态尚好。

从损伤区域分布来看,损伤相对较大的区域主要集中在坡体上部岩体反翘突出区,从力学机制上分析,这些区域由于岩体突出临空,形成了最为不利的受力状态,这些部位通常是岩体内部裂隙形成最有利的部位,微地震监测结果与常规地质认识一致。

为了验证微地震监测结果的有效性,收集了研究区已有的倾斜摄影成果资料,从高清倾斜摄影成果中解译研究区危岩体的以往崩塌情况、当前结构面发育情况等角度对微地震监测成果进行对比,其结果如图3.52所示。

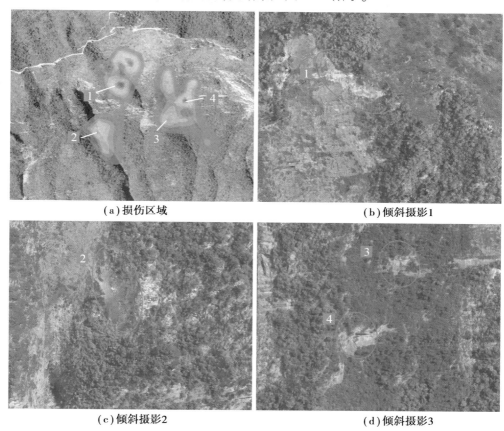

(a) 损伤区域　　　　　　　　　　　　　(b) 倾斜摄影1

(c) 倾斜摄影2　　　　　　　　　　　　(d) 倾斜摄影3

图3.52　独龙斜坡上部损伤区域倾斜摄影影像

为了便于描述,将上述对比分析得到的损伤区分别以1,2,3,4进行编号。首先对损伤区1,从微地震能量的分析结果来看,其在监测区间内,岩体内部破裂损伤最为严重。从倾斜摄影结果可以看出,在损伤区1,岩体破碎程度明显较周边区域更大,且该区域近期内发生过明显的小规模崩塌事件;对损伤区2,通过倾斜摄影成果可以看出,该区域同样发生过较小规模的岩体崩塌事件,从而形成局部的凹腔,凹腔周边岩体较其他区域破碎程度更高;同样,在损伤区3、损伤区4,同样因为以往的崩塌事件,并在结构面的切割下形成了块体的临空状态。从以上对比可以看出,微地震监测得到的损伤区域基本都存在岩体破碎或块体临空的条件,微地震损伤分析结果与工程地质分析结果一致。

3.3.7　微地震监测结果认识

本节以巫峡龚家坊至独龙一带微地震监测示范点为依托,借助微地震监测数据,研究了微地震数据的去噪、定位、震源机制以及破裂面计算等相关技术和方法,取得以下成果及认识:

①经过长期监测,共识别岩石破裂信号 46 个,从采集到的破裂信号分析来看,研究区岩体内部破裂微地震信号的频率区间为 5 ~ 30 Hz,其中,卓越频率约为 15 Hz。

②通过对微地震监测到的岩石破裂事件进行震源机制反演,预测了岩石破裂裂隙走向为 65° ~ 82°,与坡体走向基本一致,破裂裂隙倾角为 42° ~ 53°,基本与坡角接近,滑动角为 -101° ~ -84°。

③结合弹性力学理论,建立了基于微地震监测能量的岩体破裂损伤变量计算模型,并对监测区的岩体内部损伤情况进行分析,从分析结果来看,监测区岩体内部损伤均较轻微,且较为分散,岩体反翘突出区域内部损伤相对较大,目前岩体内部裂隙尚处于孕育阶段,未形成贯通性结构面,监测区上部岩体整体基本稳定。

3.4　峡谷岸坡及消落区多手段协同监测技术

3.4.1　不同监测手段技术特征分析

峡谷岸坡的监测与传统地质灾害监测既有共同的特征又有其自身的特点,因此对峡谷岸坡的监测需要充分利用现有的监测技术手段,根据监测手段的技术特征结合研究区的地质环境特征进行多手段融合,取长补短,达到最佳监测效果。在地质灾害传统监测预警方法的基础上,结合本次研究工作中的研究成果,针对峡谷岸坡监测的特点及需求进行分析。

与传统地质灾害监测项目相比,高陡峡谷岸坡及消落区地质灾害具有以下几个方面的特点。首先,由于峡谷岸坡通常地形陡峭,相对高差较大,尤其是在远离坡顶和江面附近的中间区域,传统调查方式很难到达,且常规的定点监测方法难以获得全面的岸坡变形特征信息,需要以面域监测进行相应补充;其次,峡谷岸坡尤其是岩质岸坡区域,通常存在前期变形量小、破坏突发性强的特点,因此传统以形变监测为主的单一监测方式很难满足需求。根据本次研究工作的经验和成果,对于峡谷岸坡变形监测而言,区域监测是一个必不可少的手段,目前区域监测的手段以 InSAR 监测为主,但 InSAR 监测面临重访周期、卫星照射角、水汽、植被等因素影响,需要与一些新型监测手段联合使用。

为便于针对不同地质环境和气候环境条件选择最佳的组合监测方式,在传统监测方法的基础上结合本次研究成果,对各种监测手段在峡谷岸坡监测过程中的特征进行对照分析,结果见表 3.4。可以发现,不同监测技术均有其局限性和适用条件,无论数据可靠性、分析效率、结果展示都各具特色,因此,针对三峡库区峡谷岸坡这样的复杂地形地貌条件,需要发挥各种监测技术优势,多技术优化组合,协同互补,从而实现更加准确高效地监测预警。

表 3.4　各监测手段技术特征对照表

监测手段	监测效率	监测精度	时效性	监测成本	部署能力	限制条件
InSAR 监测	可实现大区域、长时间序列监测,监测周期固定	毫米~厘米级	受卫星回访周期等限制,时效性差	成本较低	无须现场部署,卫星数据可快速获取	时空相干性引起的相位噪声和大气相延迟降低变形测量精度和可靠性
地基雷达	适合小区域非接触地表形变监测,数据处理快。可对常规监测施工困难的区域进行监测	亚毫米~毫米级	可实现实时监测,监测时效性好	成本较高	不受监测对象地形限制,可实现快速部署	数据量大;植被、水汽、温度等条件在很大程度上影响监测精度及可靠性

续表

监测手段	监测效率	监测精度	时效性	监测成本	部署能力	限制条件
微地震	小区域岩体内部破坏监测,可对常规监测施工困难区进行监测	岩体内部破坏监测,无精度概念	可实现实时监测,监测时效性高	成本较低	可在距离监测目标一定范围内部署,部署能力较常规自动化容易	监测区域较小、易受噪声环境干扰,破坏点定位误差较大,微地震事件与形变定量关系尚未明确
常规自动化	测量周期短、精度较高、布网迅速、测点间无须通视、误差无累积、可全天候作业、工作效率高	毫米~厘米级	时效性好,数据量小,分析处理快速	监测成本受现场施工条件影响,地形复杂区成本较高	对设备安装要求较高,陡峭峡谷区部署困难	在沟谷、水域等特殊地形或卫星信号被干扰时,监测精度和可靠性大幅降低,甚至无法测量

3.4.2 峡谷岸坡多手段协同监测体系构建

多手段协同监测系统是一种将多种监测技术相融合的空间立体监测网络,针对监测对象的不同监测需求,选择不同的监测模块,并加以组合,通过多源协同监测方法获取多源监测数据,再进行融合分析和预测,并将成果汇总反馈给系统管理者和用户。对峡谷岸坡复杂地质环境条件下采用多手段协同监测,有利于对岸坡的形变及稳定状态发展过程进行全方位的掌握,并以此揭示岸坡变形特征及规律,同时也可利用该系统对变形趋势进行预测预警。结合本次研究工作,这里所提及的峡谷岸坡多手段协同监测系统主要由天基遥感、地基遥感和地面原位 3 个部分构成,其中天基遥感负责大区域形变识别及重要形变区域的划分,地基遥感负责重点区域小范围的区域监测,地面原位负责重要监测点的形变实时精确监测。在多手段协同监测的框架中,需要根据不同的监测目的、监测条件和监测成本等多方面考虑,因此,在三峡库区峡谷岸坡监测过程中,首先制定监测手段选择的基本原则如下:

(1)精度优先,成本次之的原则

数据采集事关监测成败,不同监测条件,对采集数据的精度和工作效率要求不同。随着监测技术的进步,许多高精度、高效率设备和方法应运而生,虽然可满足地表变形在精度和效率方面的要求,但其成本是其他方法的几倍甚至十几倍,经济上不可行。根据具体监测需求,多手段协同监测的基本原则应坚持精度优先、成本次之。

(2)合理组合,技术优势互补的原则

对三峡库区峡谷岸坡复杂地形地貌而言,单一监测方法很难满足实践要求,尤其在地表起伏变化大、部分区域有乔木或建筑遮挡等条件下,通常需要多种方式的协同监测。从前面分析可以看出,不同监测技术均有其局限和适用条件,因此,在多种监测技术协同监测的过程中,需要充分利用各种监测手段的优势,结合项目实际情况,合理组合。

(3)监测手段与灾害发育阶段相适宜的原则

对于同一灾害点而言,不同的发育阶段对监测手段的需求不同,因此,在进行岸坡监测技术选择时,还需结合灾害的不同发育阶段进行选择。例如,对岸坡的孕育初级阶段,形变量较小,对时效性要求不高的,可采用 InSAR 技术进行监测。在滑坡进入持续变形阶段,形变可以达到数十毫米,且持续时间长,可考虑采用 InSAR 与常规自动化监测相结合的方式进行长时间监测。在滑坡进入加速阶段,此时对时效性要求高,对精度要求相对较低,可考虑采用常规监测、地基雷达以及微地震(岩质)三者组合或者两两组合进行监测。

结合上述协同监测原则,建立三峡库区峡谷岸坡空-天-地多手段协同立体监测技术框架,如图 3.53 所示,主要包含以下内容:

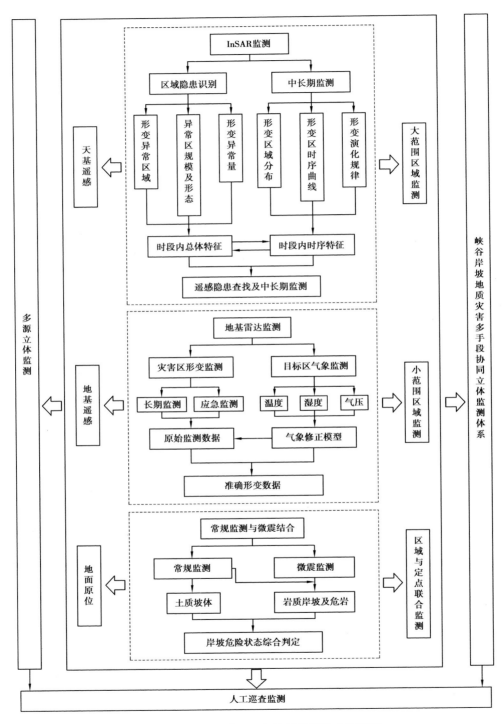

图 3.53　峡谷岸坡多手段协同监测技术框架图

①天基遥感隐患查找及中长期监测。卫星遥感监测主要依托 InSAR 技术进行大范围的筛查和识别,主要用于大区域范围内的地表异常形变点的监测,鉴于峡谷岸坡地形地貌的特殊性,不同区域不同卫星的有效监测区域不同,针对不同区域和地质环境特征,宜采用不同的监测卫星数据和升降轨数据结合的手段进行监测。通过 InSAR 监测,实现研究区异常形变点的识别,一方面对已有灾害点的活动状态进行确认;另一方面发现已有灾害点以外的隐患目标,为地面监测提供标靶区域。此外,对常规原位监测困难的高陡岸坡中部或顶部区域,可采用 InSAR 进行长时序监测,通过多期次数据的时序分析,建立研究区域形变与时间的演化关系,从而弥补缺乏常规原位监测数据的不足。

②高陡险要位置地基遥感及应急监测。对通过 InSAR 遥感发现的隐患点面临常规原位监测因施工条件差无法开展正常监测时,可采用地基雷达开展地面遥感监测,通过远距离非接触小范围的面域监测,实现危险区的异常形变实时获取。由于峡谷区域复杂的气象环境,采用地基雷达进行长时间地面遥感监测,需要配合相应的气象监测手段,包括研究区空气温度、湿度、气压等并辅以大气修正模型,从而实现更加可靠的监测。此外,鉴于地基雷达监测具有的非接触性,在出现高危险情的情况下,也可采用地基雷达进行应急监测。

③高危险区域原位精确监测。对通过 InSAR 区域监测或其他手段发现的隐患点,需要进行监测并具有施工条件的,采用常规自动化监测手段进行原位监测,而对于岩质岸坡或危岩监测,因其形变量相对较小,突发性较强,因此可以在常规形变、应力监测的基础上辅以微地震监测,通过微地震实现岩体内部破坏的提前感知,并与形变和应力相结合,从而实现突发性较强的岩质岸坡危险状态的准确获取。

④人工巡查监测。对上述监测手段,由于其各自具有不同的适用条件,且对监测结果的影响因素较多,因此,任何监测手段均不能与人工巡查工作完全脱离,需要建立与仪器监测相对应的人工巡查监测机制,从而最大限度地提升判断的准确性和预警的可靠性。

上述各监测手段相互协同的过程如图 3.54 所示。首先,采用 InSAR 技术对研究区全区域形变异常识别,由于峡谷岸坡地质环境条件复杂,可能造成 InSAR 技术在使用过程中存在较多失相干区域。对于失相干区域而言,可采用无人机与地基雷达作为区域形变识别的补充。其次,在区域监测获得的形变异常区域或异常点,通过人工核查结合变形速率对岸坡所处的发育阶段进行判断。对于初期形变阶段和持续变形阶段而言,可采用 InSAR 时序监测;对于具有重要威胁对象而言,需要实时掌握岸坡状态的情况下,对施工难度较小的区域,可采用常规监测进行;对施工难度较大的区域,可采用微地震区域监测代替常规定点监测。此外,对于进入加速变形阶段或应急监测的岸坡而言,为了实时掌握坡体的变形情况,此时 InSAR 监测不再有意义,可采用常规监测与地基雷达相协调的监测模式,采用地基雷达对危险区进行面域监测,常规监测手段控制重点部位,如果是岩质坡体,可以辅助微地震监测。对于某些突发性较强的应急监测而言,在常规监测部署难度大且安全保障困难的条件下,可单独考虑地基雷达远程监测或地基雷达与微地震配合。根据以上描述,编制不同条件下峡谷岸坡多手段协同监测技术,见表 3.5。

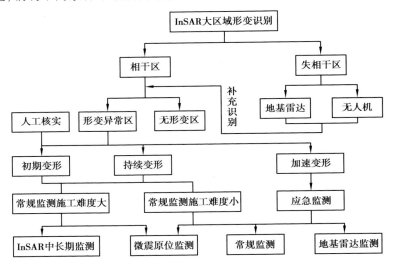

图 3.54　峡谷岸坡多手段协同监测过程示意图

表 3.5　不同条件下监测手段协同组合对应表

监测条件			建议协同组合方式	巡查核实
灾害早期识别	InSAR 相干区域		InSAR 技术	巡视条件好区域人工巡查,高陡区域无人机巡查
	InSAR 失相干区域		无人机+地基雷达	
灾害初期变形至持续变形阶段	InSAR 相干区域		InSAR 技术独立监测	
	InSAR 失相干区域	施工条件好	常规监测+微地震监测	
		施工条件差	微地震监测	
灾害加速变形或应急阶段	施工条件好		常规自动化+地基雷达	
	施工条件差		地基雷达+微地震	

3.5　本章小结

　　本章结合三峡库区峡谷岸坡的特点,以巫峡段为重点研究区域,对 InSAR、地基雷达、微地震等监测技术进行了应用研究,探寻了各监测手段在峡谷岸坡监测过程中的优势与不足,由此建立了峡谷岸坡空-天-地多手段协同监测技术体系,取得如下结论:

　　①从形变特征来看,在巫峡段龚家坊至独龙一带,长江左岸的形变主要集中在茅草坡 2 号至 3 号滑坡中上部、独龙 1 号斜坡下部、独龙 2 号滑坡至独龙 4 号滑坡中上部,此外,长江右岸干井子滑坡在监测期间内处于持续变形状态。

　　②从形变与环境的相关性来看,长江左岸形变与工程防护情况及水库水位变动存在较强的相关性。首先,对于形变较大的区域和消落区防护对比来看,经过消落区防护的区域,形变主要集中在中上部,而未经过消落区防护的区域形变主要集中在消落区附近。其次,从形变与库水位涨落的关系来看,在水库水位下降期间岸坡形变速率增加,当水位达到正常蓄水位时,岸坡形变速率区域平稳。

　　③从岸坡顶部岩体破裂过程来看,在独龙 3 号、4 号斜坡顶部岩体有零星破裂现象,其中破裂损伤程度最大的位置多集中在岩体反翘突出部位,顶部岩体裂隙发育趋势为顺岸坡走向,向坡体下部发展。当前岸坡破裂损伤程度均较低,裂隙处于孕育阶段,尚未贯通,岸坡岩体总体稳定性较好。

　　④从各监测手段的适用性来看,目前各监测手段在岩质岸坡监测过程中均有各自的优点与不足。对于 InSAR 技术而言,在研究区存在较大范围的失相干区域,研究区左岸监测效果较右岸好,右岸青石以下临近江岸区域 InSAR 监测难以取得较好的监测效果。为了克服单一 InSAR 技术的局限性,采用多种 InSAR 技术协同监测,能最大限度地克服自然条件对 InSAR 监测的影响。

　　⑤地基雷达可作为辅助手段对 InSAR 技术失相干区域进行面域监测,在中短期内监测具有良好的效果。在研究区内,地基雷达监测主要受气象条件和岸坡形

态的影响,主要表现为岸坡岩体反倾突出区域雷达图像出现盲区,在高温和降雨等天气下形变图像出现畸变,为最大限度地降低气象条件对地基雷达监测的影响,需要配合气象条件监测并辅以合理的气象修正模型,才能取得较好的监测效果。

⑥微地震作为一种新兴的地面区域实时监测手段,在岩质岸坡监测中具有较好的发展前景,但当前仍存在信号干扰去除、震源定位精度提升以及岩体破裂与坡体稳定性定量关系等方面的问题,值得进一步研究。

第4章 多源数据融合下的岸坡动态危险性评价

影响斜坡稳定性的因素大体上分为地质条件和斜坡活动性状态。地质条件主要包含地形地貌、地层岩性、地质构造、水系、道路以及植被覆盖度等，为滑坡形成提供基础条件。斜坡活动性状态是在内外应力作用下斜坡自然演变过程中能量积累的过程，主要通过裂缝密集度、裂缝扩展和地表位移形变量等形式表现，为滑坡形成提供动力条件。大量案例表明，绝大多数斜坡就是在特定物质条件和动力条件共同作用下衍生成地质灾害的，因此，斜坡的危险程度不是一成不变的。在同一地质背景条件下，随着坡体演变阶段的不同，对应的危险性会随之发生变化，而形变则是斜坡演化过程的最直接指标。基于此，本章在原有区域滑坡危险性评价的基础上，结合岸坡的形变监测，构建多源数据融合下的岸坡动态危险性评价模型，并基于此对研究区的动态危险性展开了研究。

4.1 本底地质背景下岸坡的破坏概率

地质灾害发生的频率或概率是危险性或风险评价的关键参数。根据美国地质调查局(United States Geological Survey,USGS)的定义,一般采用 3 种方法来表征滑坡发生的频率:第一种方法是在给定的时间段内,特定边坡发生滑动的概率;第二种方法是在研究区给定的时间段内(一般以年为单位)具有某些特征滑坡的累积数量;第三种方法是根据特定量级诱发事件的年超越概率来确定滑坡发生的概率。此外,研究区空间尺度的不同会导致滑坡频率表达的方式也不同,例如,区域滑坡频率分析一般采用基于统计学理论的第二种方法和第三种方法,而大比例尺场地或单体滑坡频率分析一般通过建立简化或详细的地质力学模型来计算斜坡的稳定性或破坏概率(第一种方法)。本节中,主要结合统计方法建立本底地质背景下的岸坡危险性评价模型。

4.1.1　栅格破坏概率计算

地质灾害与地形地质等环境因素密切相关,在不同的地质环境中各种影响因素对灾害的发生存在一种最佳因素组合。因此,对区域滑坡预报要综合研究最佳因素组合,而不是停留在单个因素上,每一种因素对岸坡失稳所起的作用大小可用已经发生灾害的统计规律来确定。为便于分析,先对各影响因子作如下假设:

①假设岸坡破坏的发生概率可以利用已经发生的灾害案例及影响因素进行类比,即具有类似的地形、地质因素的斜坡有类似的发生概率。

②各因子对岸坡失稳的概率可以近似以已有案例中该因子出现的频率来表示。

③在岸坡成灾过程中,各致灾因子在岸坡成灾过程中所起的作用是相对独立的,即无论其他因素组合如何改变,该因素单独存在时,岸坡失稳的概率是不变的。

基于上述假设,结合 GIS 系统,将研究区划分为若干栅格,并通过栅格的统计规律来反映岸坡破坏概率。根据条件概率理论,某一事件 A 在条件 B 的影响下发生,则事件 A 发生的概率等于条件 B 出现的概率与在条件 B 下事件 A 发生的概率乘积,其表达式为:

$$P(A) = P(B) \times P(A \mid B) \tag{4.1}$$

如果地质灾害的发生由多个相互独立的因素所决定,则其发生的概率应为各影响因素条件概率之和。假设危险性评价过程中确定了 n 个评价指标,即 $X = \{X_1, X_2, \cdots, X_n\}$,则地质灾害发生的概率可表示为:

$$P(X) = \sum_{i=1}^{n} P(X_i) \times P(X|X_i) \qquad (4.2)$$

式中　$P(X)$——地质灾害在多因素影响下发生的概率；

　　　$P(X_i)$——各因素出现的概率，这里可以理解为各影响因素对灾害发生过程中的贡献程度，即因素权重；

　　　$P(X|X_i)$——地质灾害在因素 X_i 影响下发生的概率。

对于某一栅格而言，其在某一因素下出现的概率可以通过研究区已经发生的灾害中具有某一因素的栅格数量与该区域内所有具有该因素的栅格数量之比，即

$$P(X|X_i) = \frac{N(X_i)_{\mathrm{F}}}{N(X_i)} \qquad (4.3)$$

式中　$N(X_i)_{\mathrm{F}}$——已经发生的灾害中具有 X_i 属性的栅格数量；

　　　$N(X_i)$——区域内具有 X_i 属性的所有栅格数据量。

因此，式（4.3）中的重点在于求解 $P(X_i)$，也就是求解各影响因素的权重。

4.1.2　基于信息熵的评价指标权重的确定

在实际评价过程中，通常将每个指标分为不同的等级，这里假定某一指标可以分为 k 级（不同指标的 k 值可以不相等），即 $X_i = \{x_{i1}, x_{i2}, \cdots, x_{ik}\}$，式中 x_{ij} 为各指标分量的代表值。在地质灾害危险性评价过程中，针对不同的指标，有些指标可以定量表示，有些指标则只能定性描述，无法定量化表达。对于定性指标而言，通常的做法是对不同等级通过人为设定量化值，从而增加了评价结果的主观性。此外，为了克服不同指标量纲的不同所带来的问题，需要对指标值做标准化处理，标准化处理后的指标具有概率特性。鉴于此，本节采用各个指标分级出现的频率来描述各指标分量特征，一方面解决了人为设定指标值所带来的主观因素影响，同时避免了各评价指标因量纲不同的问题，各指标分级特征值表示见式（4.4）。

$$x_{ij} = p_{ij} = \frac{N_{ij}}{N} \quad (i = 1, 2, 3, \cdots, l; j = 1, 2, 3, \cdots, k) \qquad (4.4)$$

式中　p_{ij}——在已经发生的灾害中，第 i 个评价指标中第 j 个分级出现的频率；

　　　N_{ij}——在已经发生的灾害中，具有第 i 个指标中第 j 个分级的栅格数量；

　　　N——在已经发生的灾害中所有栅格的数量。

设研究区有 m 个已经发生的地质灾害点，每个地质灾害点在空间上被划分为

若干栅格,将这 m 个灾害点作为指标权重确定的参考样本,每个参考样本中,同一指标可能存在多个分级同时出现的情况,则相应该指标在样本中的特征值可表示为:

$$r_{i'j'} = \sum S_{ij} x_{ij} \qquad (4.5)$$

式中 $r_{i'j'}$——第 i' 个参考对象中第 j' 个评价指标的特征值;

S_{ij}——某一参考样本中具有第 i 个评价指标第 j 个分级的栅格所占的面积;

x_{ij}——其意义同上。

构造决策矩阵如下:

$$r_{i'j'} = \begin{bmatrix} r_{11} & r_{12} & \cdots & r_{1n} \\ r_{21} & r_{21} & \cdots & r_{2n} \\ \vdots & \vdots & & \vdots \\ r_{m1} & r_{m2} & \cdots & r_{mn} \end{bmatrix} \qquad (4.6)$$

根据信息熵的定义,各评价指标的信息熵可表示为:

$$E_{i'} = \frac{-\sum_{j'=1}^{n} r_{i'j'} \ln(r_{i'j'})}{\ln(n)} \qquad (4.7)$$

在获得各指标信息熵的基础上,即可以通过信息熵的差异系数得到各指标权重如下:

$$W_{i'} = \frac{1 - E_{i'}}{\sum_{i'=1}^{m} (1 - E_{i'})} \qquad (4.8)$$

用式(4.8)中的 $W_{i'}$ 代替式(4.3)中的 $P(X_i)$,即可求得任意栅格的破坏概率。

4.1.3　基于栅格破坏概率的岸坡危险性区划

前面得到了本底地质背景条件下岸坡栅格的破坏概率模型,栅格破坏概率的大小与岸坡危险程度存在一定的对应关系。从总体上讲,栅格的破坏概率越大,其危险程度就越高,但具体多大的破坏概率对应高危险、多大的破坏概率对应低危险,目前尚无统一的划分标准。本节结合前面的栅格破坏概率,分析岸坡危险性等级划分。

首先根据选定的评价因子,将已有的地质灾害点投影到每一个因子的分级图层中,分别统计该因子等级下发生滑坡的栅格数量和具有该因子等级的滑坡数量,并按式(4.3)求解每一个因子每一分级下在已经发生的滑坡中出现的频率,并按式(4.8)求出各评价因子的权重,在此基础上,将同一栅格内所有评价指标中对应的分级中的概率按式(4.1)计算本栅格内的破坏概率,将所有栅格按上述方法进行计算,最终得到研究区内破坏概率分布。将所获得的破坏概率按表4.1进行危险性等级划分,得到研究区岸坡危险性分布图。

表4.1　基于破坏概率的危险性等级划分表

破坏概率	$P \leqslant 25\%$	$25\% < P \leqslant 50\%$	$50\% < P \leqslant 75\%$	$P > 75\%$
危险性等级	危险性低	危险性较低	危险性较高	危险性高

4.2　本底概率与形变数据融合下的危险性

　　4.1节所述峡谷岸坡的危险性实际上是在未考虑岸坡活动状态条件下的静态危险性,而岸坡的活动状态也是判断坡体危险程度的一项重要指标。显然,在地质背景条件相同的条件下,活动程度高的区域危险性较活动程度低的区域高,单一依靠本底地质背景条件进行岸坡危险性评价,存在一定的不足之处。例如,部分滑坡或不稳定斜坡已经进行了工程治理,这些岸坡的变形已得到了有效控制,其危险性系数应适当降低。而部分岸坡受人类工程活动或水库水位变动影响,使岸坡活动强度增加,其危险性系数也应适当增加。因此,岸坡的变形是一个随时间的动态变化过程,在不同的时间段,岸坡的稳定性存在差异,相应的危险性评价也应是动态变化的。为了更合理地开展研究区的岸坡危险性评价,本节将在静态本底地质背景条件的基础上,结合常规监测数据和 InSAR 监测数据,开展岸坡动态危险性评价研究。

4.2.1 常规监测数据影响下的动态危险性

1)监测曲线切线角与破坏概率关系

灾害危险程度的大小通常和形变速率有直接关系,随着坡体形变速率的增加,形变对坡体危险性判断所起的作用就越大。在岸坡加速形变阶段,甚至可以忽略地质背景条件,直接给出坡体即将发生的判断,此时形变在判断坡体危险性的贡献达到最大。基于上述考虑,我们提出了基于形变过程的破坏概率,其本质在于建立一套跟随灾害体形变速率而变化的概率影响模型,从而更客观科学地描述岸坡的动态危险性。

现阶段基于形变曲线进行滑坡监测预警的应用效果较好,主要有切线角法,其核心是通过对滑坡时间-累计位移曲线做切线,并通过切线角的大小来判断滑坡失稳的可能性。该方法在发展过程中,为了克服时间轴取值不同对切线角的影响,许强等[70]提出了改进切线角法。图 4.1(a)为典型滑坡累计位移-时间(S-t)曲线,根据曲线形态,可以把滑坡运动过程划分为初期变形、匀速变形和加速变形 3 个阶段,其中,均匀变形阶段滑坡变形速率 v 为定值。为了解决 S-t 曲线横纵坐标量纲不统一的问题,通过用位移除以 v 的办法将 S-t 曲线的纵坐标变换为与横坐标相同的时间量纲,其表达式为:

$$T(i) = \frac{\Delta S(i)}{v} \tag{4.9}$$

经过改进变换后,根据 T-t 曲线可以得到改进切线角 α_i 的表达式。改进后的 T-t 曲线如图 4.1(b)所示。

$$\alpha_i = \arctan \frac{T(i) - T(i-1)}{t_i - t_{i-1}} = \arctan\left(\frac{\Delta T}{\Delta t}\right) \tag{4.10}$$

基于上述思路,本节利用改进切线角法来分析不同形变条件下滑坡发生破坏的概率,即以改进的切线角法中的 $\frac{\Delta T}{\Delta t}$ 作为任意时刻斜坡形变的瞬时指标。

考虑实际监测过程中时间位移曲线在整个时间轴上常常存在不同程度的波动,因此,此处 $\frac{\Delta T}{\Delta t}$ 的取值范围为 $[-\infty, +\infty]$。将 $\frac{\Delta T}{\Delta t}$ 作为自变量,将滑坡发生的概率

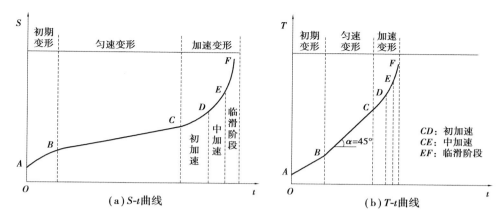

图 4.1　改进前后的时间位移曲线对比[70]

作为因变量,则滑坡发生失稳破坏的概率位于[0,1]区间内,显然上述关系符合二元逻辑回归的基本条件,因此,我们借助逻辑回归理论的处理思路,引入逻辑函数,建立基于改进切线角为自变量的坡体破坏概率单变量二元逻辑回归模型,其表达式为:

$$P(t_i) = \frac{1}{1+e^{-\left(\frac{\Delta T_i}{\alpha \Delta t_i}+\beta\right)}}\qquad(4.11)$$

式中　α,β——逻辑回归参数。

式(4.11)中的逻辑回归参数可以通过大量的案例进行拟合,由于上述模型中只有一个因变量、两个参数,因此,可以通过设定边界条件对回归参数进行直接求取。

根据逻辑回归理论,在逻辑回归过程中,通常将概率 0.5 作为"是"与"非"的分界点,即当概率大于 0.5 时,则认为该事件更容易发生,其结果划入"是"行列;反之,当概率小于 0.5 时,则划入"非"行列。具体在本研究中,假设坡体在匀速变形时处于稳定状态,而开始加速变形则进入不稳定状态,则定义改进切线角 45° 为滑坡由匀速变形向加速变形的临界转折点,即时间位移曲线改进切线角为 45° 时坡体破坏概率为 0.5。此外,根据许强等[70]的研究成果,通常当改进切线角达到 85° 时作为预警的临界判据,因此,如果取该结果的置信区间为 95%,则可建立式(4.11)的第二边界条件。

根据上述两个边界条件,即当 $\Delta T/\Delta t = 1$ 时,$P = 0.5$;当 $\Delta T/\Delta t = 11.5$ 时,$P = 0.95$,代入式(4.11)中,有:

$$\begin{cases} \dfrac{1}{1+e^{-(\alpha+\beta)}}=0.5 \\[3mm] \dfrac{1}{1+e^{-(11.5\times\alpha+\beta)}}=0.95 \end{cases} \Rightarrow \begin{cases} \alpha=0.28 \\ \beta=-0.28 \end{cases} \tag{4.12}$$

联立式(4.11)和式(4.12),可得:

$$P(t_i)=\frac{1}{1+e^{-(0.28\times\frac{\Delta T}{\Delta t}-0.28)}}=\frac{1}{1+e^{-\frac{7}{25}(\frac{\Delta T}{\Delta t}-1)}} \tag{4.13}$$

根据式(4.13)即可基于改进的时间位移曲线中求得任意时刻坡体发生破坏的概率,且破坏概率随着坡体的变形过程变化而变化,如图4.2所示,从而实现岸坡危险性的动态评价。

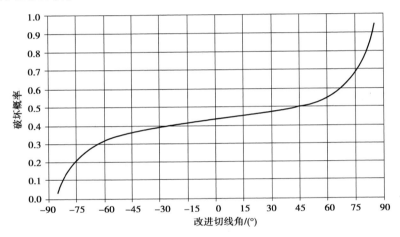

图4.2　改进后切线角与破坏概率的关系

2)监测曲线的发展趋势分析

大量滑坡监测案例显示,监测曲线经过匀速形变后,后续发展可能出现3种情况:第一种情况是在匀速变形后进入加速变形阶段,如图4.3中的曲线①所示。第二种情况是在匀速变形后,累计位移继续增加,但增加速率减缓,如图4.3中的曲线②所示。第三种情况是在匀速变形结束后,出现累计形变下降的情况,如图4.3中的曲线③所示。

图4.3中监测曲线的不同发展类型对应图4.2中的不同阶段,其中,曲线①对应图4.2中改进后切线角大于45°的情况,曲线②对应图4.2中改进后切线角0°~45°的区间情况。特别地,当改进后切线角等于零时,则代表形变在匀速变形后形

变趋于停止,曲线③对应图4.2中改进切线角小于零的情况。从图4.2中可以看出,只要斜坡发生了形变,无论形变是加速的还是减速的,其破坏概率一般都不会是零,在不同形变过程对切线角变化的敏感性不同,对曲线②和曲线③,改进后切线角小于45°,破坏概率对切线角的增长极不敏感。而对曲线①,即切线角大于45°时,破坏概率随改进切线角变化的敏感性逐渐增大,尤其是在切线角大于75°时,破坏概率对切线角的变化及其敏感,切线角的微小增加即可造成破坏概率的显著上升,这与滑坡危险性发展相一致。

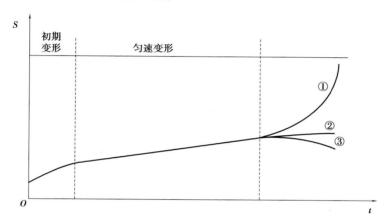

图4.3 监测曲线的3种变化发展趋势

①—加速变形;②—变形减慢;③—形变回落

3)监测曲线的对应概率与本底概率融合

监测数据反映的是岸坡的活动状态,可以将其视为对静态岸坡危险性判断结果的修正指标。因此,在岸坡动态危险性评价时,可以将岸坡视为一个系统,岸坡的破坏视为系统失效,那么岸坡的本底地质背景条件和岸坡的活动状态可以视为岸坡系统的两个串联构件,根据系统可靠性原理,岸坡系统失效概率可以表示为1减去系统不失效概率,而串联系统不失效的概率则为各构件不失效概率的乘积,于是融合本底地质背景条件和监测数据的岸坡破坏概率可以由式(4.14)表示。

$$P_t = 1 - \frac{P(X) \times e^{-\frac{7}{25}\left(\frac{\Delta T}{\Delta t}-1\right)}}{1+e^{-\frac{7}{25}\left(\frac{\Delta T}{\Delta t}-1\right)}} \tag{4.14}$$

式中 P_t ——任意时刻的岸坡破坏概率;

$P(X)$ ——不考虑常规监测条件下的岸坡破坏概率。

4.2.2 InSAR 形变影响下的动态危险性

与具有高频率时变特性常规 GNSS 监测相比,基于 InSAR 监测地表形时不具有精细的时变特征,通常仅能提供年变形速率。同时,由于 InSAR 技术本身的限制,所能监测到的最大形变量为一个重访周期内波长的 1/4。因此,InSAR 监测主要用于蠕滑阶段的缓慢变形滑坡,在变形速率过大时,InSAR 无法有效地进行形变识别。以最常用的 Sentinel-1A 卫星为例,不考虑相干性等因素的影响,可监测的最大形变量为 42.6 cm/a。1995 年,国际地科联/滑坡工作组(IUGS/WGL)对滑坡活动性程度进行了分级,随后在意大利 IFFI 工程(国家滑坡编目)改进下,得到了以滑坡速率为基础的分级方案,见表 4.2。

表 4.2　滑坡变形速率分级体系

速率分级	形变特点	临界速率/(mm·a^{-1})
1	极慢	$<1.6 \times 10$
2	缓慢	1.6×10^{3}
3	慢速	1.6×10^{5}
4	中速	1.6×10^{7}
5	快速	1.6×10^{9}
6	很快	1.6×10^{11}
7	极快	$>1.6 \times 10^{11}$

基于上述分析,采用 InSAR 技术所能监测到的形变仅限于在滑坡处于"极慢"和"缓慢"阶段。因此,利用 InSAR 技术无法实现对处于加速变形阶段的坡体监测,对 InSAR 形变与本底地质背景条件的融合,不能够采用前面所述的常规监测相同的数据融合方法,需要一套新的思路和方法。本次研究中,拟通过将地表形变与本底危险性分别进行分级,并通过融合矩阵,结合不同的分级组合,对危险性等级进行调整,从而实现利用 InSAR 地表形变监测结果来对区域地质灾害危险性结果进行动态修正。

利用 InSAR 地表形变对危险性进行修正,最根本的出发点在于通过原始危险与形变的融合,提升发生地表形变区域的危险性程度,减少预警遗漏,同时对原有的高危险区域,保持相应的危险性等级不变。本底地质背景条件下的危险性等级用相应数字表示,具体对应规则为:低危险性=1;中等危险性=2;较高危险性=3;高危险性=4。在实际评价过程中,每一个栅格的评价结果以一个数字代替,最终的融合结果由栅格内原始的危险性与栅格单元的平均运动速率综合决定。因此,以 InSAR 监测所反映的年平均形变速率为依据,在数据集的基础上,建立岸坡危险性耦合矩阵,见表4.3。

表 4.3　形变与危险性耦合矩阵

危险性等级	V_{year} 形变速率/$(mm \cdot a^{-1})$			
	0 ~ 10	10 ~ 20	20 ~ 30	>30
1	0	+1	+2	+3
2	0	0	+1	+2
3	0	0	0	+1
4	0	0	0	0

表4.3 中,年形变量等级划分考虑了研究区 InSAR 形变数据的标准差,10 mm/a,在形变等级划分过程中,按照标准差的倍数划分为 4 个等级,即形变量在一个标准差范围内,考虑是误差因素从而不对总体危险性产生影响。当形变量大于一个标准差时,则认为形变对稳定性产生影响。结合表4.3,当形变量为 1~2 个标准差时,低危险性区域危险性提升一个等级,其余不变;当形变量为 2~3 个标准差时,低危险性区域危险性提升 2 个等级、中等危险性区域提升 1 个等级;当形变量大于 3 个标准差时,低危险性区域提升 3 个等级,中等危险性区域提升 2 个等级,较高危险性区域提升 1 个等级,高危险性区域始终不变。

4.3 研究区岸坡动态危险性评价

4.3.1 本底地质背景条件下的危险性

本次研究主要针对巫峡两岸高陡岩质岸坡区域约 80 km² 的区域,本区域岸坡主要以岩质岸坡为主,含小部分区域土质岸坡,因此,在进行危险性分析指标的选择过程中,重点侧重于岩质岸坡的指标考虑,在本区域岸坡地质背景条件详细调查的基础上,选择岸坡危险性指标与分级如下:

1)坡度

坡度是指岸坡失稳的一个重要参考指标。地形坡度控制着岸坡岩土体的地应力分布,对岸坡的稳定性有直接影响。坡度的变化直接影响岸坡体内部原有或潜在的滑动面的剩余下滑力的大小,在一定程度上决定了岸坡变形破坏的机制和形式。本区域岸坡的坡度普遍较大,多分布在 30°~50°,部分区域坡度超过 70°,甚至出现倒转,结合研究区的实际情况,将研究区坡度划分为 4 个等级,详见表 4.4。研究区内各等级坡度区域分布,如图 4.4 所示。

坡度:
- <30°
- 30°~50°
- 50°~70°
- >70°

图 4.4 研究区内各等级坡度区域分布图

2)岸坡结构

岸坡结构是指岸坡坡面产状与坡体岩土体产状之间的相互组合关系,不同的组合形式对岸坡的变形破坏起着重要的控制作用。通常情况下,斜坡结构按照坡面产状和岩土产状组合关系主要划分为三大类,即顺向坡、切向坡和逆向坡。其中,顺向坡为岸坡稳定性的不利结构,而尤其以顺向临空结构为最不利结构。因此,为进一步突出岸坡结构对坡体危险性的影响,在上述三大分类的基础上对顺向坡做进一步划分,即分为顺向临空和顺向不临空,具体见表4.4。研究区内各类型岸坡结构区域分布,如图4.5所示。

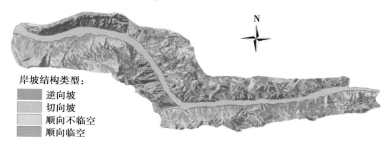

岸坡结构类型:
- 逆向坡
- 切向坡
- 顺向不临空
- 顺向临空

图4.5 研究区内各类型岸坡结构区域分布图

3)岩土组合

岩土组合也是决定水库岸坡稳定性的主要因素之一,不同的岩性组合下岸坡的整体抗风化、抗水蚀、崩解性等都有所不同,从而影响岸坡的稳定性。研究区根据地层发育趋势及地层的岩性特征,将岸坡岩土组合划分为五大类,具体见表4.4。研究区内各类型岩土组合区域分布,如图4.6所示。

岩土组合:
- 土
- 较软岩
- 较硬岩
- 坚硬岩

图4.6 研究区内各类型岩土组合区域分布图

4)岩体破碎程度

岩体破碎程度直接影响岸坡岩体的物理力学性质,岩体破碎程度越严重,岩体的物理力学性质就越差,越容易导致滑坡崩塌灾害的发生。基于对研究区岩体破碎程度区域的调查情况,将研究区岸坡岩体破碎程度划分为 4 个等级,具体见表 4.4。

①极破碎岩体:岩体结构面无序,结合很差,为散体状结构。

②破碎岩体:结构面 3 组,平均间距 0.2 ~ 0.4 m,裂隙张开度大于 3 mm,结合差,为裂隙块状结构。

③较破碎岩体:结构面 3 组,平均间距 0.2 ~ 0.4 m,裂隙张开度为 1 ~ 3 mm,结合一般,为层状结构。

④较完整岩体:结构面 2 ~ 3 组,平均间距 0.4 ~ 1 m,裂隙张开度为 1 ~ 3 mm,结合良好,为块状结构,其层间结合好,层间裂隙不发育。

研究区内各等级岩体破碎程度区域分布,如图 4.7 所示。

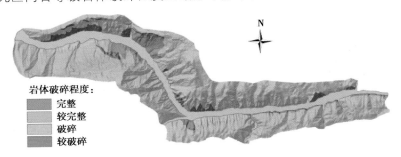

图 4.7　研究区内各等级岩体破碎程度区域分布图

5)岸坡侵蚀程度

消落区的侵蚀程度与岸坡的稳定性密切相关。消落区岩土体在库水的软化、侵蚀和掏空等作用下,使下部岩土体被移走而失去支撑,加剧了岸坡坡脚临空的条件,使斜坡滑移控制面暴露,从而引起灾害的发生。根据现场调查,将研究区岸坡侵蚀程度划分为 4 个等级,具体见表 4.4。研究区内各等级岸坡侵蚀程度区域分布,如图 4.8 所示。

6)主控结构面发育特征

岩质岸坡主控结构面是影响稳定性的重要因素,对于岩质岸坡而言,主控结构面的发育情况以及与坡面的相对关系是岩质岸坡的危险评价的重要参考指标。结合赤平投影结果,将岸坡主控结构面发育特征划分为 3 个等级,具体见表 4.4。研究区内各等级岸坡主控结构面发育特征区域分布,如图4.9所示。

表4.4　岸坡危险性指标及分级

评价指标	指标分级	分级	评价指标	指标分级	分级编号
坡度	<30°	X_{11}	岩体破碎程度	较完整	X_{41}
	30°~50°	X_{12}		较破碎	X_{42}
	50°~70°	X_{13}		破碎	X_{43}
	>70°	X_{14}		极破碎	X_{44}
岸坡结构	顺向临空	X_{21}	岸坡侵蚀程度	基本无影响	X_{51}
	顺向不临空	X_{22}		侵蚀微弱	X_{52}
	切向坡	X_{23}		侵蚀较强烈	X_{53}
	逆向	X_{24}		侵蚀强烈	X_{54}
岩土组合	土质	X_{31}	主控结构面发育特征	结构面交线与坡向相反	X_{61}
	软岩	X_{32}		结构面交线与坡向相同,倾角大于坡脚	X_{62}
	较软岩	X_{33}		结构面交线与坡向相同,倾角小于坡脚	X_{63}
	硬岩	X_{34}			

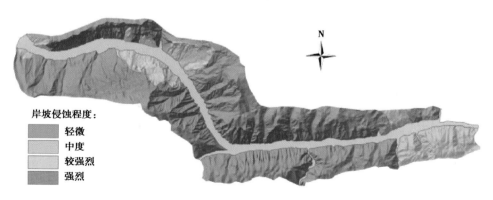

岸坡侵蚀程度:
- 轻微
- 中度
- 较强烈
- 强烈

图4.8　研究区岸坡侵蚀程度区域分布图

　　确定上述评价指标及等级划分后,将已有地质灾害点投影到每一个因子的分级图层中,分别统计该因子等级下发生滑坡的栅格数量和具有该因子等级的滑坡数量,并根据式(4.8)计算各因子的权重,在此基础上,将同一栅格中的4种评价指标中对应分级的概率根据式(4.2)计算本栅格内的破坏概率,将所有栅格按照上述方法进行计算,最终得到研究区内破坏概率分布,如图4.10所示。

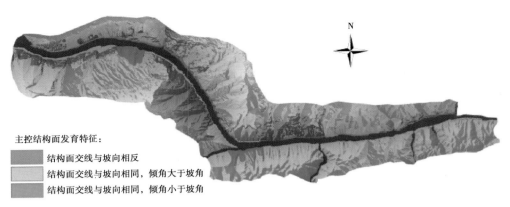

主控结构面发育特征：

■ 结构面交线与坡向相反
□ 结构面交线与坡向相同，倾角大于坡角
■ 结构面交线与坡向相同，倾角小于坡角

图 4.9 研究区主控结构面发育特征区域分布图

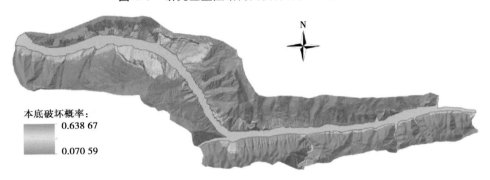

本底破坏概率：
0.638 67
0.070 59

图 4.10 本底条件下岸坡破坏概率分布图

从图 4.10 中可以看出,研究区本底地质背景条件下的破坏概率为 0.07 ~ 0.64,其中,破坏概率较高的区域分布相对集中,左岸破坏概率较高的区域主要集中在 4 个区域,包括龚家坊 1 号滑坡至独龙 8 号滑坡区、横石溪至猴子包一带、剪刀峰至烂泥湖以及黄草坡至鳊鱼溪一带。右岸主要有 3 个破坏概率相对较大的区域,包括巫山长江大桥桥头附近,笔架山陡崖及以下区域以及青石至湖北一带库岸临近水面区域。

根据表 4.1 中的岸坡危险性等级划分方法,得到研究区内本底地质环境条件下的危险性等级分布,如图 4.11 所示。

从图 4.11 中可以看出,依照破坏概率与危险性的划分原则,在本底地质背景条件下,研究区危险性主要为低危险性和较低危险性,仅有少量危险性较高的区域。

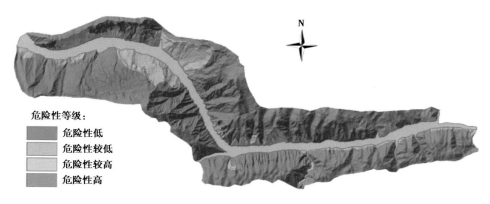

危险性等级：
  危险性低
  危险性较低
  危险性较高
  危险性高

图 4.11　本底地质环境条件下的危险性等级分布图

4.3.2　融合常规监测数据下的危险性

自 2010 年以来,作为本次研究的重点区域,三峡库区巫峡段龚家坊至独龙一带陆续开展了各岸坡形变监测,累计安装常规形变监测设备 100 余台套。以此为基础,本次研究选择了 2020 年 1 月—2020 年 12 月的监测数据进行重点研究区域破坏概率分析。为直观反映在监测期间内不同时间段的破坏概率动态变化过程,以 2020 年为例,每间隔一个月提取一个破坏概率图。由于研究区部分点位存在监测点没有全覆盖的情况,在成图过程中对存在监测点的区域按照实际概率进行计算,对没有监测点的区域则不考虑活动状态的影响,将破坏概率统一设置为零,即不考虑活动状态。不同时间段内基于监测数据的岸坡破坏概率分布对比图,如图4.12 所示。

对上述基于监测数据的岸坡破坏概率与该年度不同时刻库水位的动态变化过程(图 4.13)进行对比分析,从图中可以看出,研究区岸坡的活动状态与库水位涨落有较为明显的对应关系。首先,在库区高水位运行及水位下降期间,岸坡的活动状态相对强烈,破坏概率较高,而水库在低水位运行和水位上涨期间,岸坡的活动状态相对较弱,各部分破坏概率相对较低。此外,岸坡的活动状态与水位的变动存在一定的滞后性,从本年度的观测来看,岸坡的活动状态响应,一般较水位变动滞后一个月左右。

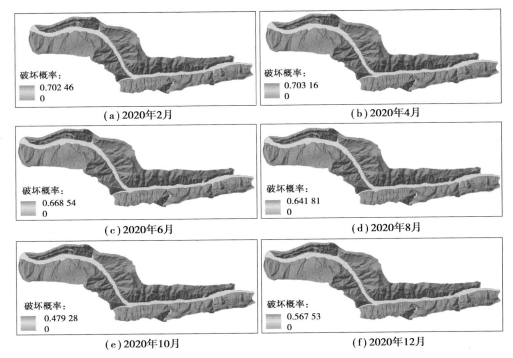

图4.12　不同时间段内基于监测数据的岸坡破坏概率分布对比图

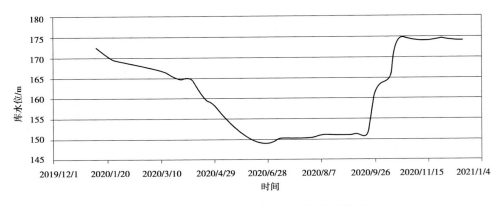

图4.13　2020年度研究区库水位波动情况

上述情况得到了基于监测数据的龚家坊至独龙一带岸坡的破坏概率,结合前面研究区本底地质背景条件下的危险性评价结果,基于式(4.14),计算融合地质背景与常规监测数据的综合破坏概率,再按照表4.1所确定的危险性等级区划标准,建立不同时间段内岸坡动态危险性等级分布,如图4.14所示。

对比图4.14和图4.11可以发现,在考虑斜坡形变的条件下,岸坡区域危险性有明显的增加,普遍从危险性较低区域上升为危险性较高区域,并出现了一定范围

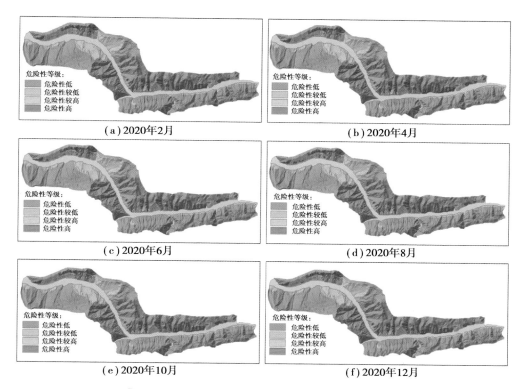

图 4.14 不同时间段内岸坡动态危险性等级分布图

的高危险性区域。高危险性分布区域主要集中在龚家坊一带和独龙一带,而二者之间的茅草坡区域危险性较前两者稍低,这主要是受岸坡的活动状态所控制。此外,从时间上来看,不同时间段研究区岸坡危险性呈现不同的分布特征,不同时间段各危险性分级及面积统计情况见表 4.5。结合图 4.14 和表 4.5 的统计可以看出,研究区(龚家坊至独龙一带)岸坡的危险程度在一年中呈现出周期性的变化趋势,主要表现为每年的 4 月以前,岸坡高危险性区域相对较少,岸坡总体危险性较低,而在 4—9 月即汛期,岸坡高危险区域明显增加,说明岸坡的总体危险性有所增加,随着汛期的结束,岸坡的高危险性区域又有所降低。总体来看,岸坡危险程度的动态变化与水位变动的周期性规律一致,这也验证了本研究区岸坡动态危险性评价的准确性。

表 4.5   不同时段各危险性分级及面积统计表

时间	分类统计	危险性等级			
		危险性低	危险性较低	危险性较高	危险性高
2 月	面积/km²	73.45	12.89	1.02	0.02
	百分比/%	84.06	14.75	1.17	0.02
4 月	面积/km²	73.43	12.93	1.00	0.03
	百分比/%	84.03	14.79	1.14	0.03
6 月	面积/km²	73.45	12.89	1.01	0.05
	百分比/%	84.06	14.75	1.16	0.05
8 月	面积/km²	73.42	12.82	1.02	0.13
	百分比/%	84.02	14.67	1.17	0.15
10 月	面积/km²	73.45	12.90	1.04	0.004
	百分比/%	84.06	14.76	1.19	0.004 6
12 月	面积/km²	73.44	12.87	1.06	0.02
	百分比/%	84.05	14.73	1.21	0.02

4.3.3   融合 InSAR 形变后的危险性

在本底地质背景条件下,岸坡破坏危险性分级的基础上,结合研究区 InSAR 数据的基础,并按照 4.2.2 节所示的方法,对研究区本底地质背景条件与 InSAR 形变融合下的危险性进行分析。具体来讲,首先对本底地质背景条件下的危险性进行等级划分,可分为危险性低、危险性较低、危险性较高和危险性高四大类,并分别以数字 1,2,3,4 代表,其次将研究区 InSAR 形变结果与 DEM 进行坐标对应并进行栅格化,栅格大小与本底地质背景条件下的危险性分析栅格大小一致,同时提取每一栅格下的形变量值,并根据每一栅格的形变大小,按照表 4.3 对各栅格危险性等级进行调整,从而得到融合 InSAR 形变后的危险性区划,如图 4.15 所示。对比图 4.15 和图 4.11 可以看出,在叠加 InSAR 形变后,研究区岸坡的危险性分布有了较大的变化,其中危险性较高区域明显增加。在茅草坡至独龙一带,由于 InSAR 监测形变较为集中及视线向形变较大,因此,该区域危险性由较低上升为较高,其中在局部区会出现零星的高危险区。此外,由于 InSAR 监测结果显示了左岸猴子包滑坡后缘以及右岸干井子滑坡等区域在 2019—2020 年具有较大的变形,因此,这两个区域的危险性等级由危险性较低调整为危险性较高。

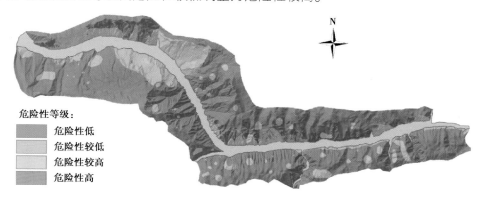

危险性等级:

■ 危险性低
□ 危险性较低
□ 危险性较高
■ 危险性高

图 4.15 融合 InSAR 形变后的研究区危险性

4.4 本章小结

本章在对研究区地质灾害案例分析的基础上,采用统计学方法,构建了基于岸坡破坏概率的危险性评价方法,并与常规监测及 InSAR 监测的形变数据相融合,建立了多源数据融合下的岸坡动态危险性评价模型,并在巫峡段龚家坊至独龙一带进行应用,取得以下认识和结论:

①从本底地质背景条件下的破坏概率来看,研究区在本底地质背景条件下破坏概率均较低。其中,左岸破坏概率较高的区域主要集中在龚家坊 1 号滑坡至独龙 8 号滑坡区、横石溪至猴子包一带、剪刀峰至烂泥湖以及黄草坡至鳊鱼溪一带。右岸主要有 3 个破坏概率相对较大的区域,包括巫山长江大桥桥头附近、笔架山陡崖及其以下区域、青石至湖北一带库岸临近水面的区域,总体上,本底地质背景条件下研究区岸坡危险性处于低危险性至较低等次。

②在融合 InSAR 形变影响后,研究区出现了多处危险性较高区域,主要包括左

岸茅草坡至独龙一带斜坡、猴子包滑坡上部以及右岸干井子滑坡等区域。

③基于动态危险性评价模型,并结合龚家坊至独龙一带的常规监测数据对该区域的岸坡危险性动态变化过程进行分析,结果表明,研究区岸坡动态危险性从年初—年中—年末呈现先增加后减小的周期性变化趋势,在汛期 6—9 月,岸坡高危险性区域及范围最大,水库水位下降过程中岸坡危险程度增加,水库高水位运行期间岸坡危险性相对减小。

第5章 空-天-地结合的航道风险管控

地质灾害风险是随着地质环境条件和承灾体的变化而动态变化的,地质灾害风险管控是灾害防控的重点,也是未来发展的一个必然趋势。人类工程活动对自然的改造和频度比以往任何时候都大,这些活动必然会对周围一定范围内的斜坡的稳定性产生影响,尤其是大型水利水电工程的开发建设已成为地质灾害最为活跃的诱发因素。因此,库岸滑坡灾害的风险评价应考虑水利水电工程库水位变化和承灾体分布变化等因素并做出相应的调整。

库岸滑坡灾害风险区划中的时间因素主要取决于滑坡灾害危险性的时间概率,而滑坡危险性的时间概率则与滑坡灾害诱发机制密切相关。针对研究区的实际情况,结合前面几章的研究成果,本章主要选择左岸龚家坊至独龙一带岸坡作为风险源,以长江航道作为主要威胁对象,对航道风险管控过程及机制进行分析研究。

5.1 空-天-地结合的岸坡地质灾害风险源识别

峡谷岸坡地质灾害具有隐蔽性强、形成条件复杂、影响因素多、突发性强等特点,对峡谷岸坡地质灾害调查应采取多手段、多方法相结合的方法,形成一套定性识别与定量判别相结合的地质灾害早期识别体系,确保对重大地质灾害隐患点的效点识别。地质灾害隐患早期识别需关注两类地质灾害:一是正在变形斜坡的早期探测;二是潜在发生变形斜坡(不久的将来可能发生变形)的早期探测。对第一类地质灾害,InSAR技术对大范围变形区域具有很好的探测识别能力。而对第二类地质灾害的探测手段主要是通过定性分析手段,即在总结多年现场调查或原位观测经验的基础上,结合理论认识分析研究区的地貌形态、岩土体成分结构、初始形态、诱发因素、环境条件、成灾条件及时间变化,这些因素的变化决定着致灾体与承灾体遭遇的概率,从而为地质灾害风险评价指明方向。本节拟采用"空-天-地"一体化手段对研究区地质灾害进行识别研究。首先,采用InSAR技术进行大区域形变识别,并针对峡谷岸坡复杂的地质环境特征,在InSAR技术监测的盲区采用地基雷达进行补充,从而实现研究区形变识别的全覆盖。在此基础上,利用倾斜摄影测量技术,对形变区域的形态以及变形迹象进行识别,从而构建形变、形态及形迹相结合的峡谷岸坡地质灾害风险源识别技术体系。

5.1.1　斜坡隐患 InSAR 形变识别

InSAR技术作为雷达遥感重要分支,其具有较强的测量能力,目前已逐渐发展成为应用于多学科的常规测量手段。根据地质灾害发育演化特点,在整体失稳之前,会经历蠕变或缓慢变形,由于InSAR技术对地表缓慢变形较为敏感,使用InSAR技术可以在早期有效探测地质灾害,即通过监测加速失稳之前的形变来定位灾害体。

研究区InSAR识别的过程与结果见本书3.1节,在此不再赘述。总体来讲,研究区形变主要集中在茅草坡2号至3号滑坡中上部、独龙2号滑坡至独龙4号滑坡中上部等区域。此外,在龚家坊一带顶部、茅草坡中一带中上部以及独龙一带山体中上部的危岩带也存在局部的形变异常现象,如图5.1所示。

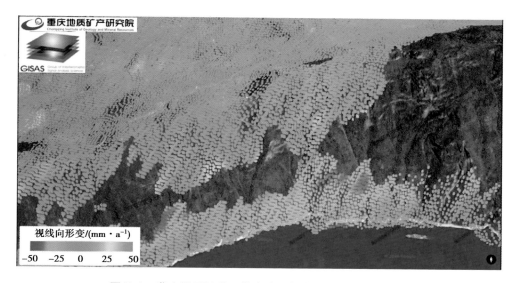

视线向形变/(mm·a⁻¹)

图5.1 龚家坊至独龙一带岸坡及危岩带 InSAR 形变特征

5.1.2 斜坡隐患倾斜摄影形态识别

与传统的地质灾害识别技术相比,遥感技术可以节约大量的人力、物力和财力,并且可以对人员难以到达的区域和危险区域进行大范围识别。倾斜摄影测量技术是近年来发展起来的一项新兴测量技术,它改变了以往航测遥感影像只能从垂直方向摄影的局限性,能够更加真实地反映地面客观情况,满足地质灾害识别对三维信息的需求。此外,与人员实地调查相比,倾斜摄影测量技术能够获得更加精细、更加全面的灾害全域和局部信息,并满足人为调查难以到达高陡区域的精细调查和测量。因此,倾斜摄影测量技术在峡谷岸坡灾害隐患识别过程中具有巨大的优势。

1)已有隐患点特征及范围识别

针对已有地质灾害点的调查识别是地质灾害风险管控的重要前提。根据前期的调查结果,本节重点研究区龚家坊至独龙一带的主要地质灾害类型,包括消落区附近的岸坡崩滑体、消落区局部坍塌以及顶部危岩带,主要分布在4个区域,即龚家坊5号至龚家坊3号斜坡及上部危岩带、茅草坡1号至茅草坡4号斜坡中上部危岩带、独龙2号至独龙8号斜坡顶部危岩带以及横石溪出口处危岩带。研究区相关灾害隐患分布,如图 5.2 所示。

图 5.2　研究区已有地质灾害隐患分布图

(1)典型崩滑灾害特征

本次研究中利用倾斜摄影测量技术对龚家坊一带崩滑体的形态进行了识别,部分典型崩滑灾害的倾斜摄影结果,如图 5.3 所示。

图 5.3(a)为研究区已有的崩滑体龚家坊滑坡,该崩滑体在前期已经进行了一定的治理。从倾斜摄影结果来看,龚家坊崩滑体虽然经过了治理,但在崩滑体中部仍然存在局部滑塌现象,且下部治理坡体表面形成了明显的冲沟,考虑滑塌区周边物质结构松散,因此,龚家坊崩滑体在降雨作用下崩滑范围仍然存在局部扩大的可能性。图 5.3(b)为龚家坊 3 号斜坡与茅草坡 1 号斜坡之间消落区局部坍塌,坍塌体高约 35 m,宽约 28 m,厚约 11 m,总体积约 1 万 m³,考虑该坍塌体位于土质岸坡中,坍塌区周边物质结构松散,因此,该坍塌体在水位波动等影响下坍塌范围可能会进一步扩大。图 5.3(c)为石鼓 1 号斜坡上部崩塌体,该崩塌体平面呈三角形,高度约 157 m,底部宽约 83 m,崩塌体平均厚约为 10 m,总体积约为 1.5 万 m³。结合倾斜摄影测量结果,该崩滑体周边岩体完整性较好,近期内再次发生较大规模崩塌事件的可能性相对较小。图 5.3(d)为横石溪出口处库岸崩塌体,该崩塌体宽约 120 m,高约 95 m,从图中可以看出,该塌岸处岩体破碎程度较高,塌岸多年来受长江水位的浪蚀影响持续发生坍塌,稳定性差,仍然存在进一步坍塌的可能。

(2)典型危岩带特征

本次研究中利用倾斜摄影测量技术对龚家坊一带危岩的形态进行识别,部分典型崩滑灾害的倾斜摄影结果,如图 5.4 至图 5.7 所示。

(a)龚家坊滑坡

(b)龚家坊3号斜坡下部局部垮塌

(c)石鼓1号斜坡上部崩滑体

(d)横石溪出口处塌岸

图5.3 重点研究区典型崩滑灾害特征

图5.4为茅草坡一带山体顶部危岩带倾斜摄影的影像特征,从图中可以看出,该区域危岩体风化较为严重,部分危岩带已被裂隙切割成孤立柱状体[图5.4(b)],且存在多处零星小规模崩塌现象[图5.4(c)]。因此,这些区域进一步破坏的可能性较大。

图5.5(a)为独龙1号斜坡上部危岩带,图5.5(b)为一处崩滑体局部放大图,从图中可以看出,该区域为前期崩塌体崩塌后形成,存在明显的岩性差异分区,右下侧为崩塌后的母岩,整体性较好,近期再次破坏的可能性不大。而区域上侧及左侧为前期崩滑体崩塌后的表层残留物,岩体风化强烈,整体破碎程度较高,且有局部零星崩塌现象,该区域仍然存在再次发生小规模崩塌的可能性。

图5.6为独龙一带斜坡山顶典型危岩带及危岩体,从危岩带的总体特征来看,该区域岩体总体完整性较好,但在局部区域也存在零星破坏甚至较大规模崩塌的可能性。如图5.6(b)所示,倾斜摄影结果显示该区域岩土反翘突出,虽然未发现明显的控制性裂隙,但仍然可以看到该区域近期发生过明显的破坏现象,破坏区岩

图5.4　茅草坡一带山体顶部危岩带特征

图5.5　独龙1号斜坡顶部危岩带特征

体破碎程度高,结合前面的微地震监测结果,该区域微地震信号较强烈,因此,存在小规模垮塌的可能性。图5.6(c)显示了该区域一处危岩单体的特征,从影像来看,该危岩单体下部软弱夹层已经出现了明显压溃现象,并形成凹腔,上部岩体基本临空,同时危岩体两侧裂隙基本呈贯通状态,危岩整体稳定性欠佳,需要高度关注。

图5.7为横石溪上出口上部陡崖带的典型危岩带及单体特征情况,从倾斜摄影影像图中发现3处相对较危险的区域或危岩单体。为便于分析,将3个区域分别以1,2,3进行编号。对1号区域,如图5.7(b)所示,该区域被裂隙切割为大小不等的众多块体,块体下部多处于临空状态,在振动、暴雨、风化等外动力作用下,

图5.6　独龙1号至独龙8号斜坡顶部危岩带特征

可能发生整体坠落破坏。对2号区域,如图5.7(c)所示,该区域危岩体突出,下部存在明显的软弱带,危岩体右侧裂隙相对发育,左侧岩体相对完整,该区域危岩体稳定性较好,近期内出现整体失稳的可能性较小。对3号区域,如图5.7(d)所示,该区域后缘有一个明显的裂隙带,将危岩体与母岩隔离,危岩体下部部分临空,因此,该危岩体存在局部小型块体掉落的可能,但整体破坏的可能性不大。

2)消落区特征

　　与常规地质灾害不同,水库岸坡的稳定状态及发展过程受水位周期性涨落的影响,库区水位涨落会促使岸坡消落区岩土发生劣化和变形破坏。此外,消落区的物质组成、治理现状以及变形破坏迹象,会直接影响岸坡的整体稳定性以及对水位涨落的持续适应能力。因此,在岸坡灾害风险管控过程中,开展针对消落区岩土性质及变形破坏迹象的调查是必不可少的环节,也是与常规地质灾害风险调查的主

图 5.7　横石溪出口上部危岩带

要区别之一。本节采用倾斜摄影技术对研究区消落区的变形破坏特征开展研究，通过高精度倾斜摄影成果揭示研究区不同位置的岸坡特征，从而为岸坡风险评价和管控提供基础数据支撑。

结合现场调查及影像分析结果，重点研究区段消落区包含土质、岩质、岩土混合等多种岩性，部分区域消落区进行了工程治理。不同区段消落区的典型特征如图 5.8 所示。

图 5.8(a)为龚家坊 5 号至龚家坊 1 号斜坡下部消落区。该区段消落区为岩土质混合。左侧龚家坊 5 号斜坡下部消落区主要以岩质为主，岸坡地形陡峭，岩层为薄层状泥质灰岩及偶夹中厚层状，岩性较软，消落区裂隙发育，岩体破碎，各上部斜坡冲沟位置处在水位变动和地表水冲蚀作用下往往形成局部坍塌。右侧龚家坊 1 号斜坡消落区以岩土混合为主，水位变动带坡上覆盖有少量块碎石土，基岩为大冶组三段泥质灰岩夹灰岩，层间夹页岩，该段岩体破碎、较破碎，表层强风化，坡面

分布有两处崩坡积块碎石,土体表层新近垮塌体松散,在库水作用下可见明显剥蚀冲蚀孔洞。

图5.8(b)为龚家坊3号斜坡下部消落区。该区段消落区表层土体松散,主要为碎石土,雨后多次发生滑塌,且该段位于G2与G3的冲沟边缘,成为雨后地表水的通道,坡面形成冲刷槽。此外,该区段消落区肉眼可见明显的局部坍塌,且根据近年的监测结果,塌岸孔洞逐渐变大。

图5.8(c)为茅草坡3号至茅草坡4号斜坡下部消落区。该区段消落区基岩为大冶组三段泥质灰岩夹灰岩,层间夹页岩,基岩裂隙发育,岩体破碎程度为破碎~极破碎,破碎带厚度大。该区段消落区经过坡面平整+肋柱锚+锚喷射混凝土+柔性防护网综合治理,当前未见明显的变形破坏迹象。

图5.8(d)为独龙1号斜坡下部消落区。该区段消落区以岩质为主,基岩为大冶组三段泥质灰岩,层间夹页岩,为较软岩,岩体裂隙发育,岩体破碎程度为较破碎~极破碎,冲沟处可见明显的老旧垮塌痕,局部冲沟处可见第四系崩坡积物覆盖,主要由泥质灰岩碎石及少量的粉质黏土组成。该区段消落区在水库水位反复侵蚀下,使得库岸上部外倾结构面临空时,可能再次形成局部崩(滑)塌。

图5.8(e)为独龙2号斜坡下部典型消落区,该区段消落区为岩质,基岩为大冶组三段泥质灰岩夹灰岩,层间夹页岩,反向坡,岩体破碎程度为破碎~破碎,在独龙2号斜坡左右两侧山体冲沟附近有明显的坍塌痕迹,且根据2009年以来多次实测塌岸线,塌岸范围在逐年扩大。目前该区段消落区经过治理,局部坍塌得到了控制,因此,该区段消落区在近期内继续发生坍塌的可能性不大。

图5.8(f)为石鼓一带斜坡下部消落区,该段消落区物质组成为岩土混合型,基岩为吴家坪组灰岩,岩体相对较硬,裂隙发育,岩体破碎程度为破碎,在基岩表面覆盖多处第四系松散堆积体,堆积体由碎石及少量粉质黏土构成,受降雨、水位变动等因素影响,第四系堆积体范围和规模可能发生变化,堆积体表面可能出现局部侵蚀剥蚀现象,但基岩区发生坍塌的可能性较小。

图5.8(g)为石鼓至横石溪一带斜坡下部消落区,该区段消落区物质主要以碎石土为主,物质结构相对松散,消落区表面可见多处冲蚀痕,该区段库岸在地表水及水库水位变动影响下,可能发生局部小规模的土质坍塌现象,但对上部坡体整体稳定性的影响较小。

（a）龚家坊一带岩质岸坡消落区

（b）龚家坊一带土质岸坡消落区

（c）茅草坡库岸消落区

（d）独龙1号斜坡区域消落区

（e）独龙2号斜坡区域消落区

（f）石鼓一带岩土混合消落区

（g）石鼓至横石溪土质消落区

图5.8　重点研究区的消落区特征

5.2 重点区地质灾害风险源监测

5.2.1 常规监测

地质灾害监测是灾害风险管控的重要手段,为了全面掌握研究区岸坡的发展演化过程,相关地勘单位自 2010 年起,陆续在该区域各斜坡安装了常规自动化监测设备累计 100 余台套,相关监测设备布置如图 5.9 所示。

图 5.9　常规监测点布置图

本次研究中提取 2019 年 2 月—2021 年 7 月期间的监测数据对重点研究区典型斜坡的变形特征进行分析。图 5.10 为龚家坊 1 号斜坡各监测点的位移变化情况,从图中可以发现,在项目执行期内,龚家坊 1 号斜坡各变形监测点的位移量为 0 ~ 12.14 mm,其中,位移量最大点为 JX09(12.14 mm)。此外,JX03,JX04,JC05,JX07 和 JX09 等监测点在监测期内均有 6 ~ 10 mm 的位移增量,上述监测点在降雨及蓄降水的影响下处于缓慢变形状态,其余各变形监测点处于基本稳定状态。

图 5.11 为龚家坊 3 号斜坡各监测点的位移变化情况,从图中可以看出,在项目执行期内,龚家坊 3 号斜坡各变形监测点位移有 0 ~ 17.85 mm 的变化,其中位移量最大的点为 JX11(17.85 mm),此外,JX18,JX19 和 JX14 这 3 处监测点分别有 6.45,7.36 和 9.15 mm 的变化量,上述各监测点在降雨和水库水位变化下处于缓慢变形状态,其余各变形监测点处于基本稳定状态。

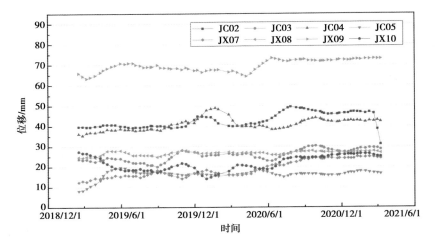

图 5.10　龚家坊 1 号斜坡各监测点的位移变化情况

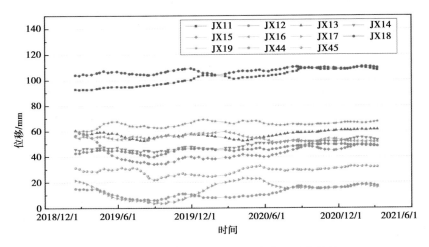

图 5.11　龚家坊 3 号斜坡各监测点的位移变化情况

图 5.12 为龚家坊 5 号斜坡各监测点的位移变化情况,从图中可以看出,在项目执行期内,龚家坊 5 号斜坡各变形监测点位移有 0 ~ 20.0 mm 的变化,其中位移量最大的点为 JX01(20 mm)。此外,JX02 监测点在 2020 年 5 月以前位移也处于持续上升阶段,而 5—6 月出现了位移快速下降,经核实是设备故障或外界强烈干扰所致,除去该干扰因素,该监测点在项目执行期间内也有约 10 mm 的位移量,其余各变形监测点处于基本稳定状态。

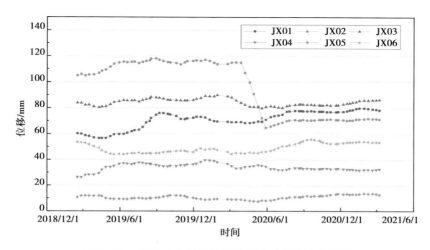

图5.12 龚家坊5号斜坡各监测点的位移变化情况

图5.13为茅草坡1号斜坡各监测点的位移变化情况,从图中可以看出,茅草坡1号斜坡各监测点在项目执行期内有0~16.8 mm的位移量,其中位移变化最大的点为JC22(16.8 mm)。JC15和JC16两处监测点位移量也分别达到了15.7 mm和11.96 mm。从总体来看,该斜坡各监测点在项目执行期间内的位移变化趋势基本一致,即在2019年2月—2019年8月期间,各监测点位移均出现了较为显著的上升,随后趋于平稳,说明该斜坡在这一期间经历了一个形变活跃期。

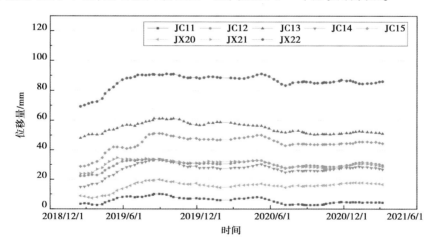

图5.13 茅草坡1号斜坡各监测点的位移变化情况

图5.14为茅草坡2号斜坡各监测点的位移变化情况,从图中可以看出,在项目执行期内,茅草坡2号斜坡各监测点有0~12.2 mm的位移量,其中位移变化最大的点为JC18(12.2 mm),其余各监测点也均有5~8 mm不等的位移量。从总体

来看,茅草坡 2 号斜坡位移变化在 2019 年 8 月以前均呈上升趋势,2019 年 8 月以后趋于平稳。

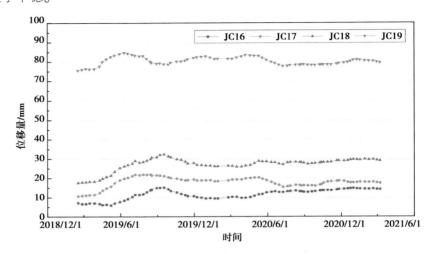

图 5.14　茅草坡 2 号斜坡各监测点的位移变化情况

图 5.15 为茅草坡 3 号斜坡各监测点的位移变化情况,从图中可以看出,在项目执行期内,茅草坡 3 号斜坡各监测点有 0～24.75 mm 的形变量,其中形变量最大点为 JC25(24.75 mm),监测点 JC21,JC27,JC26 分别有 20,14.5 和 10.77 mm 的形变量。从各监测点总体形变规律来看,茅草坡 3 号斜坡形变相对较大的监测点总体形变规律与茅草坡 1 号和茅草坡 2 号斜坡形变规律一致。

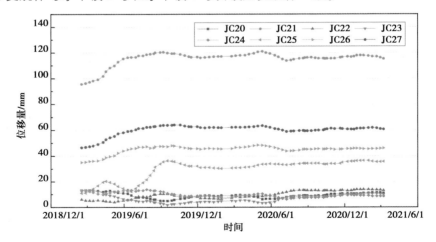

图 5.15　茅草坡 3 号斜坡各监测点的位移变化情况

图 5.16 为茅草坡 4 号斜坡各监测点的位移变化情况,从图中可以看出,该斜坡在项目执行期内各监测点具有不同程度的形变量,形变范围为 3.95 ~ 24.65 mm,其中 JC29,JC30,JC33 和 JC31 这 4 处监测点位移量分别达到 24.65,24.13, 18.11 和 17.38 mm,其余各监测点位移量在 10 mm 以内。从变形趋势来看,茅草坡 1 号、2 号、3 号、4 号斜坡基本保持一致。综合来看,在项目执行期间,茅草坡一带斜坡的活跃状态比龚家坊一带更加强烈,尤其在 2019 年经历了一个显著的变形阶段,在后续风险管控中该区域斜坡值得到重点关注。

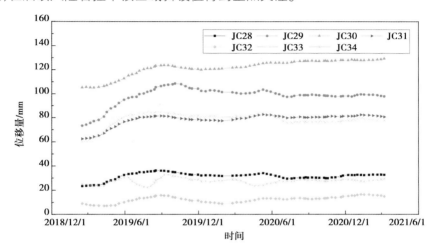

图 5.16 茅草坡 4 号斜坡监测点的位移变化情况

图 5.17 为独龙 1 号斜坡各监测点的位移变化情况,从图中可以看出,独龙 1 号斜坡在项目执行期内除个别监测点外,其余各监测点均保持位移上升趋势,形变范围为 0 ~ 26.8 mm,其中,JX30 形变量最大,达到 26.8 mm,JX29—JX31 的形变量均超过 15 mm,JX27 和 JX32 两处监测点形变量超过 10 mm,其余各监测点在项目执行期间内的形变量均小于 10 mm。总体形变趋势与茅草坡一带斜坡趋势一致,均表现为 2019 年 8 月以前显著上升,随后趋于平稳。

图 5.18 为独龙 2 号斜坡各监测点的位移变化情况,从图中可以看出,在项目执行期内,独龙 2 号斜坡各监测点位移量为 0 ~ 102.28 mm,其中监测点 JX38 位移量最大,达到 102.28 mm,其位移在 2019 年 6 月—2019 年 8 月急剧增加。JC35, JX35 和 JX36 这 3 处监测点分位移量分别达到 21.53,16.74 和 5.84 mm,其位移增幅最大的时间段同样集中在 2019 年 5—8 月,其余各监测点基本稳定。

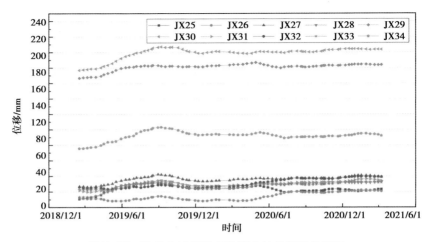

图 5.17　独龙 1 号斜坡各监测点的位移变化情况

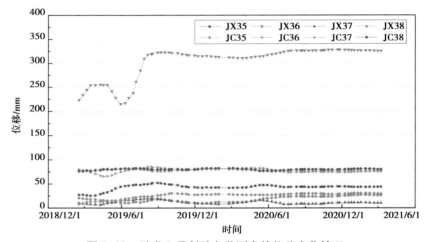

图 5.18　独龙 2 号斜坡各监测点的位移变化情况

图 5.19 为独龙 3 号斜坡各监测点的位移变化情况,从图中可以看出,在项目执行期内,独龙 3 号斜坡总体位移量较小,所有监测点位移量均小于 10 mm,其中,JC41,JC40 和 JC39 这 3 处监测点位移量相对较大,分别为 6.9,3.62 和 1.88 mm,其余各监测点位移基本无明显增加。从形变规律来看,独龙 3 号斜坡与其上游独龙 2 号、1 号斜坡以及茅草坡一带斜坡变形规律明显不同,其变形过程主要表现为波动上升,尚未发现某一时间段内位移急速上升后再趋于平稳现象。

图 5.20 为独龙 4 号斜坡各监测点的位移变化情况,从图中可以看出,在项目执行期内,独龙 4 号斜坡各监测点均有不同程度的位移量,其中,JC44 位移量最大,达 65.9 mm,JC49,JC48,JC47,JC46 这 4 处监测点位移量分别达到 32.3,16.8,

19.38 和 19.51 mm。变形量最大两处监测点 JC44 和 JC49 位移增加主要集中在 2019—2020 年度,而其余各监测点位移增加主要集中在 2020—2021 年度。从监测数据来看,独龙 4 号斜坡在项目执行期内位移变化较大,坡体总体上处于活动状态。

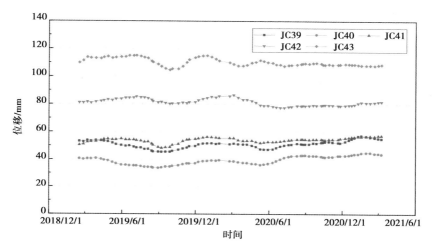

图 5.19　独龙 3 号斜坡各监测点的位移变化情况

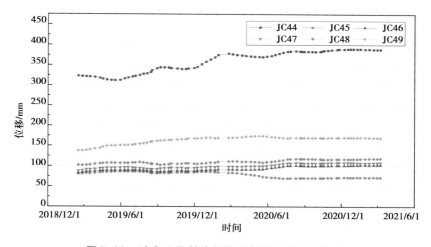

图 5.20　独龙 4 号斜坡各监测点的位移变化情况

图 5.21 为独龙 5 号斜坡各监测点的位移变化情况,从图中可以看出,在项目执行期内,独龙 5 号斜坡各监测点位移均保持持续增加趋势,位移增加量为 7.38 ~ 17.28 mm,其中,JC53 位移量最大,JC50 位移量最小,其余各监测点位移量均为 13 ~ 15 mm。从各监测点的变化趋势来看,2010 年 5—8 月,各监测点位移增加最为明显。

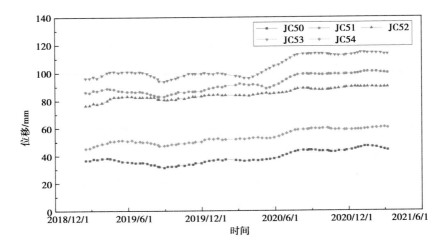

图5.21 独龙5号斜坡各监测点的位移变化情况

图5.22为独龙8号斜坡各监测点的位移变化情况,从图中可以看出,独龙8号斜坡在本项目执行期内各监测点均有不同程度的位移增加趋势,位移增量介于6.97~16.44 mm,其中JC63位移量最大,JC57监测点位移最小,为6.97 mm。此外,JC58,JC61,JC62,JC64,JC60这5个监测点的位移增加均超过10 mm。从形变趋势来看,JC63,JC65,JC58和JC56这4个监测点的位移增加主要集中在2020年6—8月,其余各监测点位移增加相对平稳。

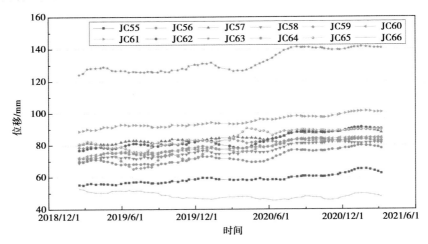

图5.22 独龙8号斜坡监测点的位移变化情况

结合上述各斜坡常规监测结果来看,重点研究区龚家坊至独龙一带斜坡在项目执行期内的地表形变具有一定的规律性,主要表现在以下3个方面:

①沿龚家坊至独龙区段,各斜坡活跃程度总体上存在一个先增加后减小的趋势,从监测数据来看,龚家坊一带斜坡活跃程度最低,茅草坡一带斜坡次之,独龙一带斜坡活跃度更高。在独龙 4 号斜坡活跃度达到最高,随后独龙 5 号至独龙 8 号斜坡活跃度有所降低。

②从斜坡各监测点的形变规律来看,茅草坡一带斜坡的活跃期主要集中在 2019 年度,而 2020 年度则相对平稳,与之相反,独龙一带斜坡在 2020 年度则表现得更为活跃,而 2019 年度则表现得相对平稳。

③从形变大小与水库水位调蓄的关系来看,无论是茅草坡一带还是独龙一带斜坡形变最为显著的时间段主要为 5—8 月,这段时间正好为三峡水库水位下降及低水位运行期,说明在水库水位下降及低水位运行期内,岸坡的活跃程度增加。

5.2.2 多手段联合监测

在 5.2.1 节中,对重点研究区域龚家坊至独龙一带斜坡的常规监测数据进行分析,得到了本区域岸坡变形的一般规律。如上文分析所述,单一依靠常规定点监测存在区域覆盖不全等问题,本节根据研究区实际情况并基于第 3 章建立的峡谷岸坡空–天–地多手段协同监测技术开展的新技术应用尝试,构建研究区空–天–地多手段协同监测概念图,如图 5.23 所示,重点研究区监测结果详见第 3 章,此处不再赘述。

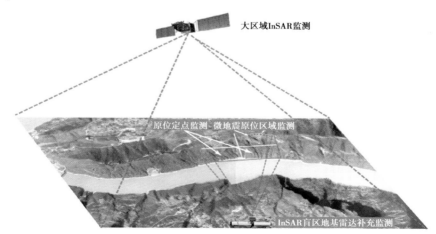

图 5.23 研究区空地多手段协同监测概念图

5.3 基于单个斜坡的危险性评价

5.3.1 岸坡危险区规模与岸坡整体危险性关系

第4章基于单个栅格建立了融合监测数据与本底地质背景的岸坡动态危险性评价模型,然而,在对航道涌浪灾害危险性进行分析评价时,需要针对具体斜坡的动态危险性做出判断。在同一斜坡上,局部零星的小区域高危险性栅格的出现,并不能完全代表斜坡单元的危险性,而仅有高危险性栅格达到一定规模,才能对斜坡的整体危险程度进行判断。基于上述考虑,本节重点研究局部危险程度与坡体整体危险程度的关系,并为后续涌浪灾害风险分析奠定基础。本次研究以巫峡龚家坊至独龙一带斜坡为重点研究区域,结合龚家坊滑坡的案例资料,按照类比方法,圈定研究区斜坡单元,如图5.24所示。

图5.24　重点研究区斜坡单元划分

基于上述圈定的斜坡单元,通过在同一斜坡单元内不同危险性等级和其对应面积关系来综合反映该斜坡的整体危险性。为便于分析,这里提出了岸坡危险程度的概念,定义为不同危险性等级值与其对应的面积比的乘积,其表达式为:

$$I_i = R_i \times \frac{S_i}{S} \tag{5.1}$$

式中　I_i——斜坡处于第 i 种危险性等级下的程度,$i=1,2,3,4$;

　　　R_i——第 i 种危险性等级参考值;

　　　S_i——在同一斜坡中,第 i 种危险性等级所占的面积;

　　　S——该斜坡总面积。

　　式(5.1)是单一危险性等级下的岸坡危险程度,则不同危险性等级下岸坡的总危险程度为各危险等级下危险程度的总和,即

$$I = \sum_{i=1}^{4} I_i = \sum_{i=1}^{4} R_i \times \frac{S_i}{S} \tag{5.2}$$

式中　S_i——可以通过第 4 章所确定的危险性分布图直接提取;

　　　S——斜坡固有面积。

　　因此,式(5.2)中重点是对不同危险性等级下参考值 R_i 的确定。假定在同一危险性等级条件下,集中连片区域内,不同破坏概率的栅格点近似均匀分布,则该区域的危险性特征值可取其破坏概率的中间值,即

$$R_i = \frac{P_{i\max} + P_{i\min}}{2} \tag{5.3}$$

　　联立式(5.2)与式(5.3),即可得到岸坡斜坡单元的整体危险程度指标。从而在梳理栅格危险性的基础上,对斜坡整体危险性评价步骤如下:

　　①对研究区岸坡进行斜坡单元划分,将整个岸坡带划分为若干独立的斜坡单元,并认为各斜坡单元稳定性不存在相互干扰。

　　②计算研究区各斜坡单元内所包含的栅格数量或该斜坡单元的总面积。

　　③根据第 4 章所建立的动态危险性评价模型,计算不同时刻以栅格单元为基础的岸坡动态危险性。

　　④提取同一斜坡单元内,同一危险性等级下的栅格单元,计算栅格单元数量或所围成的面积,求得该危险性等级下的面积与斜坡总面积比。

　　⑤提取同一危险性等级下的本斜坡单元内栅格的最大破坏概率和最小破坏概率,按照式(5.3)计算该危险性等级下的特征值 R_i。

　　⑥在同一斜坡单元中,分别对各危险性等级按照步骤②至步骤⑤进行操作,最后将各危险性等级下的特征值 R_i 代入式(5.2),求得在某一特定时刻,该斜坡单元的整体危险性程度指标。

5.3.2 基于岸坡整体危险性动态演化的预警判据

在 5.3.1 节中,斜坡单元在不同时刻所对应的整体危险性指标仍然是一个概率值,不能直接用于岸坡危险性预警。第 4 章虽然从栅格破坏概率角度对危险性等级进行了划分,但是针对单一栅格进行的危险性等级划分不能直接代表整体岸坡,且该危险性等级仅处于警示阶段,尚未达到预警的程度。本节从岸坡整体稳定性的角度出发,结合危险性预警的需求,对岸坡整体危险性预警判据进行分析。

对地质灾害的预警判据,目前运用效果较好的是以成都理工大学为代表的滑坡四级预警判据,该方法认为,滑坡在变形至破坏过程中基本上都满足日本学者斋藤提出的三阶段变形规律,且滑坡进入加速变形阶段是滑坡发生的前提,可作为滑坡预警的重要依据。基于这一思路,在对国内外数十处具有较完整变形监测曲线滑坡的分析研究基础上,结合物理和数值模拟得到的基本认识与滑坡变形演化阶段的特征,对滑坡的加速变形阶段进行细分,给出了基于变形的滑坡 4 级综合预警判据,结果如图 5.25 所示。大量案例表明,该预警判据在预警具有大坡脚、水位周期性变动下的水库岸坡等也具有适用性。

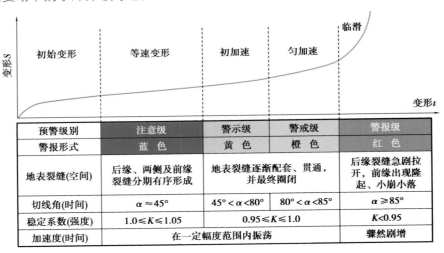

图 5.25 基于形变的滑坡 4 级综合预警判据[73]

借助该思路,结合第 4 章中岸坡形变与破坏概率的关系模型,重点从切线角的角度进行分析,建立适合研究区岸坡整体危险性演化预警判据。根据图 5.25 中预警等级划分方法,警示级、警戒级、警报级所对应的临界切线角判据分别为 45°,80°

和 $85°$,其所对应的 $\Delta T / \Delta t$(详见 4.2.1 节)值分别为 1,5.67 和 11.5,将所对应的各预警等级临界值代入式(4.13)中,得到对应的破坏概率为 0.5,0.79 和 0.95,该破坏概率也可以理解为岸坡的整体危险程度,并将不同预警等级下的岸坡整体危险性划分为低、中、高以及极高 4 个等级,按照图 5.25 中预警等级的对应原则,即可得到基于危险程度 I 的岸坡整体危险性动态演化预警判据,见表 5.1。

表 5.1 基于危险程度特征值的岸坡预警判据

预警等级	注意级	警示级	警戒级	警报级
警报形式	蓝色	黄色	橙色	红色
整体危险性等级	危险性低	危险性中	危险性高	危险性极高
危险程度判据 I	$I<0.5$	$0.5 \leqslant I<0.79$	$0.79 \leqslant I<0.95$	$I \geqslant 0.95$

5.4 研究区岸坡动态风险分析

5.4.1 研究区岸坡失稳受灾对象易损性统计分析

由于龚家坊至独龙一带岸坡上基本没有常规人类工程活动,这里主要考虑岸坡失稳后次生涌浪灾害的风险,具体为涌浪对过往船只的损害。在岸坡失稳灾害发生时,航道内过往船只往往是涌浪灾害的主要承灾体,与房屋和码头固定承灾体不同,航道中行进的船只易损性与涌浪的高度分布有密切关系。黄波林和殷跃平[28]对巫峡段过往船只情况进行统计分析,从统计结果来看,研究区 1 天平均约 235 艘船通行巫峡,1 h 有 9 ~ 10 艘船通过,其中约 1/3 为游轮。假定船只等间距航行,结合涌浪预警区河道长度,即可计算出处于各预警区的船只数量。研究区航道长约 15 km,按照一般船舶航行速度,船只通过研究区大约需要 1 h,由此建立本区域航道船舶易损性计算公式为:

$$V_{\mathrm{m}} = \frac{N}{15} la \tag{5.4}$$

式中　V_m——评估区内船只的易损性；

　　　N——1 h 内评估区的船只数量；

　　　l——红色预警区、橙色预警区和黄色预警区的河道长度；

　　　a——各预警区船只损失概率。

5.4.2　研究区涌浪波高衰减规律及预警区范围分级

以往的关于岸坡涌浪灾害风险的研究大多基于特定滑坡所产生的涌浪风险，其所面对的承灾范围、承灾对象均是相对固定的，得到的风险区域也是相对固定的，从而可以得到相对定量化的结果。然而，本次研究中岸坡的危险性随着水库水位变化而动态变化，基于岸坡危险性评估的涌浪灾害发生的位置和规模都具有不确定性，从而不能采用以往的固定范围、固定成灾体的分析模式。因此，本节从统计角度对研究区动态风险进行定性分析。

无论对于建筑物还是船只而言，涌浪灾害的风险程度与涌浪高度密切相关，黄波林等[27]和王世昌等[71]在本区域关于龚家坊滑坡和龚家坊4号滑坡的涌浪灾害研究显示(图5.26)，研究区涌浪波高衰减均呈现急速衰减和平缓衰减两个过程，且两个滑坡的衰减规律基本一致。龚家坊滑坡的急速衰减区大致为滑坡区以外800 m 范围，衰减速度约为每100 m 大致下降4 m，平缓衰减区平均衰减速度大致为100 m 下降0.11 m。龚家坊4号滑坡的急速滑坡区大致为滑坡区以外1 000 m 范围，衰减速度为100 m 下降4(水位175 m)~8 m(水位145 m)，平缓衰减区平均衰减线速度100 m 下降0.1~0.2 m。

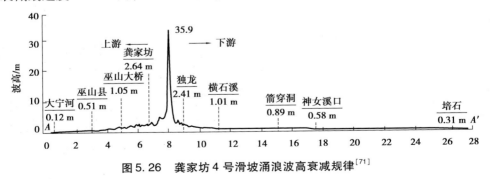

图5.26　龚家坊4号滑坡涌浪波高衰减规律[71]

不同的浪高对船只的损毁概率不同，因此，对航道浪高进行分级是涌浪预警的前提。国内内河航道的相关安全管理部门尚无针对涌浪灾害进行分级的标准，这里按照国家海洋局发布的《风暴潮、海浪、海啸和海冰灾害应急预案》,取浪高大于3 m 时为航道红色预警区,取浪高在 2~3 m 时为航道橙色预警区,取浪高在 1~2 m 时为航道黄色预警区,取浪高小于 1 m 时为蓝色预警区。

　　由于研究区龚家坊至独龙一带岸坡地形地貌相近,且在整个区域变化不大,因此,假定研究区岸坡失稳所形成的涌浪规模及传播规律与已经发生的龚家坊滑坡近似一致,从而提出不同预警等级下的河道影响范围,见表 5.2。

表 5.2　不同预警等级下的河道影响范围

涌浪预警等级	红色预警	橙色预警	黄色预警	蓝色预警
等级划分标准/m	浪高≥3	2≤浪高<3	1≤浪高<2	浪高<1
影响区间/m	0~1 500	1 500~2 500	2 500~3 500	>3 500

5.4.3　研究区航道动态风险确定及区划

　　对不同预警区船只的可能损伤概率,红色预警区的船只损伤概率以 80% 计算,橙色区以 40% 计算,黄色区以 20% 计算,将其与表 5.2 代入式(5.4)中,计算得到研究区灾害发生后造成的船舶损伤在红色预警区 1.6 艘左右,橙色预警区 0.5 艘左右,黄色预警区 0.3 艘左右。假定区域游轮和货轮出现频率相等,结合内河普通游轮造价,取游轮受损经济损失为 3 000 万元/艘,人员 300 人/艘;货轮受损经济损失 1 000 万元/艘,人员 10 人/艘。按照《重庆区县 1∶50 000 万地质灾害风险评价指标体系(试行)》(2021 年)中关于人员易损性和经济易损性的确定标准分别确认不同预警区对应的经济易损性和人员易损性,并综合经济易损性和人员易损性,确定各预警区的综合易损等级。综合易损等级按照高、中、较低、低 4 个等级划分,对照分析,能确定红色预警区的综合易损性可划分为中等,橙色预警区的综合易损性定位较低,黄色预警区船舶易损性定位低。在综合易损等级的基础上,结合岸坡动态危险性的分析结果,即可对研究区航道风险进行评估,评估标准参考刘希林[72]关于地质灾害风险分级矩阵,见表 5.3。

研究区航道船舶易损性为中等～低区间,且巫峡段龚家坊至独龙一带岸坡危险性主要为高～中等,结合表5.3中航道风险等级、岸坡危险程度以及承灾体易损性三者的关系来看,对岸坡危险性高的区域,其所对应的涌浪红色预警区为高风险区,橙色预警区为中风险区,黄色预警区为低风险区;对危险性中等的区域,涌浪红色预警区和橙色预警区均对应为中风险区域,黄色预警区为低风险区域。由于龚家坊至独龙一带为岸坡危险性具有区域性质,且所确定的航道危险性为条带分布,因此,不同岸坡位置处所对应的航道风险范围存在必然的重合区间,具体区划过程中在重合区范围内选择风险最高的等级作为本区域的最终风险等级。

表5.3 风险分析矩阵[72]

灾害发生可能性	对人类生命和财产产生的后果			
	易损性低	易损性较低	易损性中	易损性高
危险性极高	风险性较低	风险性中	风险性高	风险性高
危险性高	风险性较低	风险性中	风险性高	风险性高
危险性中	风险性低	风险性较低	风险性中	风险性中
危险性低	风险性低	风险性低	风险性较低	风险性较低

在第4章中,关于龚家坊至独龙一带的地质灾害危险性区划过程中,所获得的高危险性区域部分存在零散分布的情况,造成这一现象的原因主要是局部小范围的异常变形,然而要造成较大规模的涌浪灾害,岸坡的破坏必须要达到一定的规模,因此,在进行航道风险区划过程中,需要考虑高危险性区域的集中程度及规模,对成规模的集中高危险性区域,则将其视为高风险源,对局部零星的点状高危险性区域,在航道风险区划过程中直接将其纳入中危险性区域考虑,不单独作为高危险性区域分析。基于此,研究区2020年度典型时段的岸坡危险性及航道风险区划动态风险区划,如图5.27所示。

如图5.27所示,龚家坊至独龙一带航道风险区域呈周期性的动态变化,其中,5—8月,一方面由于水库处于水位的下降过程,另一方面由于汛期降水的增多,促使危险性上升,从而使航道高风险区域长度明显增加,随着汛期结束,航道高风险区域范围明显减小。此外,由于龚家坊4号滑坡附近岸坡危险性常年处于高危险性状态,因此,从巫峡入口至独龙2号滑坡一带的航道始终为高风险区域。

（a）岸坡危险性(2020年4月)

（b）航道风险区划(2020年4月)

（c）岸坡危险性(2020年8月)

（d）航道风险区划(2020年8月)

（e）岸坡危险性(2020年12月)

（f）航道风险区划(2020年12月)

图 5.27　典型岸坡下的风险划分

5.5　航道风险管控机制

5.5.1　航道风险预警等级的确定

灾害风险分级管控是地质灾害防灾减灾的重要手段,风险分级管控的概念是按照不同的风险级别、管控能力、所需资源、管控措施的复杂及难易程度等因素而确定不同管控层级的管控方式。综合前面的研究成果,将研究区岸坡地质灾害可能造成的航道风险划分为高风险、中风险、较低风险和低风险 4 个等级,根据不同的航道风险等级,结合区域社会经济情况,将航道风险预警等级划分为 4 级,具体见表5.4。

表 5.4　风险预警等级与航道风险等级对应表

风险预警等级	绿色预警	黄色预警	橙色预警	红色预警
航道风险等级	低风险	较低风险区	中风险区	高风险区

5.5.2　不同预警等级下的响应机制

在上述预警等级划分的基础上,结合水库岸坡涌浪风险的特点和威胁对象,考虑库区地质灾害防治工作的实际情况,提出不同风险预警等级下的响应机制如下:

1)绿色预警响应

表明该区域地质灾害发生的可能性低,或邻近区域发生岸坡地质灾害后涌浪对本区域的威胁低,涌浪安全风险等级低。在本预警等级下,相关部门密切关注航道船舶流量变化、关注气象变化,按照正常程序开展监测预警工作,相关人员到岗到位,保持通信畅通,航道船舶及周边居民正常开展生产生活。

2)黄色预警响应

表明该区域岸坡地质灾害发生的概率处于中等或者较低水平,或邻近区域的地质灾害产生的涌浪对本区域有一定威胁,存在一定的涌浪安全风险。所对应的响应措施在绿色预警措施的基础上增加如下措施:加密开展岸坡地质灾害监测,密切关注地质灾害发展趋势;相关部门按照职责分工做好地质灾害防治工作,开展预警区岸坡灾害隐患排查、巡查,做好地质灾害防治工作情况的每日统计、分析和报告,必要时对航行船舶及周边居民进行灾害风险提醒。

3)橙色预警响应

表明该区域岸坡发生地质灾害的危险性高,存在较大的涌浪岸坡风险。在本级预警条件下,所采取的响应措施为在黄色预警响应的基础上增加如下措施:相关部门开展灾害情况会商,研判地质灾害发展趋势,滚动开展地质灾害监测情况通报,加强短时预警预报,加密高风险区的岸坡地质灾害巡查,必要时组织做好航道船舶限流及涌浪威胁区人员转移等应急工作;做好地质灾害防治及应急救援应对准备,应急抢险队伍做好待命准备。

4)红色预警响应

表明该区域岸坡发生地质灾害的危险性极高,存在涌浪安全风险的概率极高。针对本级预警,其响应措施包括在橙色预警响应的基础上增加如下措施:启动应急预案,通过多部门协调,实行航道封航,组织好受涌浪灾害威胁区域的人员转移和应急工作,在强化现有监测手段监测频率及短临预报的同时,必要时考虑增加远程地基雷达等非接触监测手段的应急监测,在红色预警区域设置应急警戒标志,进一步加强高风险区的岸坡地质灾害巡查和核实,必要时应急抢险队伍进驻预警区域。

5.6 动态风险管控制度建设

5.6.1 岸坡风险监测与警示制度

1)监测预警制度

岸坡地质灾害风险管理机构应落实风险监测预警工作制度,根据不同的监控对象、监控重点、监控内容、监控要求采取科学高效的方式,切实加强监测预警工作。落实风险监测预警人员,应根据风险监测预警工作制度,实现对研究区风险实时状态和变化趋势的掌握,并根据管控临界值实现异常预警,相关预警信息应及时报告相关管理部门和人员。相关部门和人员收到预警信息后,应及时做好应急人员、物资、装备等防御性响应工作,防范安全事故发生。

对存在重大风险的灾害点或区域,应制订专项动态监测计划,随时更新监测数据或状态并单独建档。重大风险进入预警状态的,应依据有关要求采取措施全面立即响应,并将预警信息同步报送属地负有安全生产监督管理职责的管理部门。其他等级风险监测、预警等应严格执行分级管理制度。

2）警示告知制度

对航道风险管理应建立常态化的风险警示告知工作制度，将风险基本情况、应急措施等信息通过安全手册、公告提醒、标识牌、讲解宣传、网络信息等方式告知本区域内的人员和进入风险区域的外来船只及人员，指导、督促做好安全防范。宣传警示内容包括风险的名称、位置、危险特性、影响范围、可能发生的安全生产事故及后果、管控措施和安全防范与应急措施告知直接影响范围内的相关单位或人员。应在航道不同风险区域的入口建立明显的警示标识，向进出该风险区域的人员和船只给出相应的风险等级提示。

5.6.2　风险降低制度与措施

1）风险降低制度

地质灾害管理单位应落实风险降低工作制度，根据风险评估结果采取有效的风险降低措施。建立常态化的风险等级核查制度，在出现较高风险预警等级时，及时开展相应的风险核查，确定风险等级的真实性。根据不同的风险等级及影响范围，按照主要致险因素的可控性，积极制订风险降低工作制度，并建立重大风险降低专项资金，满足针对重大风险的管控需求。

2）建立风险保险制度

从地质灾害风险转移的角度出发，积极推进航道地质灾害风险保险制度建设，建立和聚集专门用于应对库区地质灾害的保险基金，专门用于高风险区地质灾害的保险支出，提升抗御水库岸坡地质灾害风险的能力。

3）应急处置体系建设

地质灾害管理部门应加强风险事件应急处置体系建设，主要包括完善应急预案，强化应急管理机制，组建专兼职应急队伍，强化应急监测及应急救援装备建设，储备应急物资，加强应急演练等。突发事件发生后，应依据《中华人民共和国突发事件应对法》，按照"分级负责、属地管理"的原则，严格执行所制订的相关应急预案、应急协调联动机制,接受地方政府、行业管理部门的统一应急指挥决策、应急协调联动、应急信息发布,并积极开展突发事件现场的应急处置工作。

5.6.3 登记备案和教育培训

1)登记备案

落实重大风险信息登记备案规定,如实记录风险辨识、评估、监测、管控等工作,并规范管理档案。重大风险应单独建立清单和专项档案。应明确信息登记责任人,严格遵守报备内容、方式、时限、质量等要求,接受相关管理部门监督。重大风险信息报备主要内容包括基本信息、管控信息、预警信息和事故信息等。重大风险信息报备方式包括初次、定期和动态 3 种方式。

2)教育培训

建立地质灾害安全部门与航道部门的协同教育培训机制,结合实际情况,对经常通过该区域的船舶关键岗位人员,加强航道地质灾害风险管理教育及应对措施培训,明确教育培训内容、对象、时间安排等。

5.7 本章小结

本章以空-天-地结合为手段,对峡谷岸坡的风险识别、监测以及评价方法进行分析研究,并以岸坡动态危险性为基础,以岸坡失稳后的次生涌浪灾害为主要风险源,以航道船舶为主要承灾对象,对岸坡危险性动态变化条件下的航道风险变化及管控机制进行研究,取得以下结论及认识。

①通过多手段联合监测,获得了重点研究区龚家坊至独龙一带岸坡变形规律,即龚家坊一带斜坡活跃度较低、茅草坡一带次之、独龙一带斜坡活跃度最高,其中,以独龙 4 号斜坡最为活跃。茅草坡一带斜坡变形量主要集中在 2019 年,独龙一带

斜坡变形主要集中在 2020 年。水库水位下降及低水位运行期间,岸坡的活跃度增加。

②通过对研究区已有灾害案例资料的统计,岸坡灾害发生后所产生的涌浪影响范围较为一致,一般涌浪浪高大于 3 m 的区域范围为 3~4 km,浪高为 2~3 m 的区域范围各 1~1.5 km,浪高 1~2 m 的范围大致为 1~1.5 km,浪高大于 1 m 的影响区域大致为 7~8 km,浪高小于 1 m 对船舶基本不构成威胁。

③以龚家坊至独龙一带岸坡动态危险性为基础,结合航道船舶易损性情况,对研究区航道风险进行分析。龚家坊至独龙一带航道风险区域呈周期性的动态变化,其中,5—8 月,航道高风险区域长度明显增加,随着汛期结束,航道高风险区域范围明显减小。由于龚家坊 4 号滑坡附近岸坡危险性常年处于高危险性状态,因此,从巫峡入口至独龙 2 号滑坡一带的航道始终为高风险区域。

④基于不同的航道风险等级并结合研究区的经济社会条件,提出了不同航道风险条件下的预警等级,给出了不同预警等级下的响应机制,为研究区航道风险管控提供参考。

第6章 巫峡段三维建模及可视化风险管控平台

信息化建设是地质灾害监测预警及风险管控的重要手段,也是理论研究成果走向工程应用的重要基础。本章开展了研究区岸坡地质灾害风险管控的信息化建设,基于研究区地质地形资料建立了长江巫峡段高精度地上地下三维一体化模型,基于 GIS 平台在集成前期研究成果的基础上开发了研究区岸坡地质灾害可视化预警系统,并在重点研究区两岸建立了现场声光预警辅助系统,为三峡库区岸坡地质灾害动态风险管控提供技术支撑。

6.1 研究区地上地下三维一体化模型

6.1.1 建模路线及方法

本次建模工作是在对研究区进行详细调查与基础资料收集的基础上开展的。首先对研究区 1∶50 000 基础地质调查资料进行收集整理并对资料进行综合分析研究形成概念地质格架。然后将建模需要的数据加载到建模软件,利用建模软件中的解释功能,对已有的平面图、剖面图进行地质解释,基于已解释的数据、DEM数据的约束和参考,在研究区域内对新绘制的若干栅状剖面图进行地质解释,并基于解释成果建立构造模型。最后根据钻孔分层信息对构造模型进行校正,并将网格剖分形成网格模型,同时完成三维模型的存储和发布。建模总体技术路线如图6.1所示。

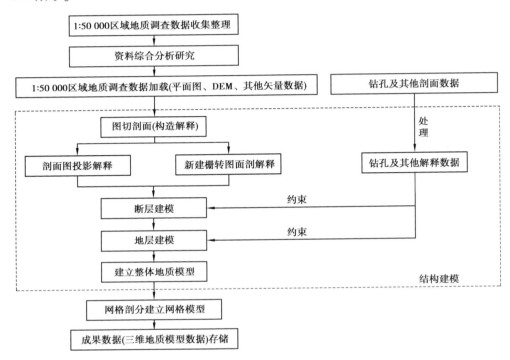

图6.1　建模总体技术路线图

本次建模过程中,主要约束参数如下:

①成果模型岩石地层划分最小单元为地层段。

②成果模型比例尺为 1∶10 000,成果模型网格大小≤20 m,DEM 精度≥5 m。

③根据建模软件剖面建模实践得出剖面设置参数,剖面的分布和密度需要能够控制研究区域地质体形态,地质图图切剖面按照垂直构造方向布置,研究区为渝东北地区,构造相对复杂,剖面间隔为 0.5~1 km,实际操作过程中根据实际情况变化,如构造复杂区域可加密剖面数量。

④建模源数据及成果模型坐标系统均采用 CGCS2000 坐标系统。

⑤为利于成果模型数据通用性,成果模型需能转换为 Geo3DML 通用模型格式。

⑥本次三维地质建模采用国产且先进性、可靠性、成熟性较高的深探地学建模软件(DepthInsight)建立模型。

6.1.2　建模基础资料的收集整理

建模基础资料主要包括各类地质图件、各类基础数据(地理、地质、勘探、遥感和物探等数据)和文字资料等三维地质编图所涉及的各类成果资料。本次建模工作所收集的资料包括以下几个方面:

①图件资料:主要有基础地理底图、基础地质底图、各类地质剖面图、柱状图(包括钻孔、地层、岩性及其他柱状图)、矿区地质图以及其他需要的图件。

②空间数据资料:主要包括地理数据表、地质数据表、地形数据表、钻孔数据表、样品数据表、地质分析数据表、物探数据表等资料。

③文字资料:主要是相关文件、基础研究报告、专题研究报告、矿产勘查报告、相关规范和标准等。

④附表资料:基础地质调查工作表、矿产资源调查信息表等。

⑤其他资料:遥感影像以及图片、图像或多媒体资料。

具体资料收集见表6.1。

表6.1　具体资料收集一览表

大类	种类	小类
1:50 000 区域地质调查成果资料	地形图	1:10 000
	地质图	剖面图、地质点、产状、照片、化石、样品、素描图、地质界线、断层线、断层描述、地质路线、地层代号、围岩蚀变、脉岩、特殊地质体、构造变形带
	自然地理	河流、水体、铁路、公路、居民地、人文景观、道路附属设施、自然景观、警戒线、行政区划
	成果报告	区调、矿调成果报告
钻孔资料	钻孔资料	矿产勘查钻孔、工程勘察、油气勘察等钻孔资料勘探地质图、钻孔柱状图等及相关报告
物化探资料	地震资料	二维、三维地震地质解释数据、成果报告
	大地电磁资料	大地电磁地质解释数据、成果报告

续表

大类	种类	小类
水工环资料	水工环资料	水系(深度、宽度、长度及水下地形等)相关资料、成果报告、工程勘察图件资料及成果报告
地灾资料	地灾资料	地灾灾害点、地灾监测资料及地灾成果报告等
遥感影像	遥感影像	建模区域高分辨率遥感影像
标准及规范	行业规范	行业有效的标准规范,地方政府的技术性文件

由于资料数据量巨大,包含了各种数据库、地质图件、文档报告、文本及其他专业格式,因此,必须进行建模数据筛选,包括厘清数据类型并分类标识、查清数据是否有缺失并做好记录以备完善等。同时,建模数据类型多样,各种建模数据的可信度也有极大的不同,因此,建模时对各种数据的参考程度是有区别的。在发生数据冲突时,应根据数据可信度的不同进行取舍,优先选择可信度高的数据。本次建模过程中,将资料可信度由高到低分 5 个级别,用英文大写字母 A ~ E 标识,见表 6.2。

表 6.2 建模数据可信度分类分级表

数据类型	对应地质模型要素	可信度级别	备注
DEM 数据	地表地形	A	
探井、测井、钻孔、探槽、矿坑	地层面分层点(线)、断点(线)、岩体(火成岩、变质岩)界线、岩性属性及其他物化实验属性	A	
地震解释数据	地层面分层线、断层线、岩体(火成岩、变质岩)界线	B	利用地震处理数据进行地质解释后形成的数据。三维地震解释数据优先于二维地质解释数据
地表地质图(1:10 000及其他比例尺)	地层分层线、断层线、产状、倾向、等高线等	B	比例尺越大,优先级越高

续表

数据类型	对应地质模型要素	可信度级别	备注
电法、磁法等其他物化探解释数据	地层面分层线、断层线、岩体（火成岩、变质岩）界线、物化探属性	C	通过对物探数据进行地质解释后形成的数据
地质专家绘制剖面	地层分层线、断层线	C	
三维模型图切剖面调整后剖面	地层分层线、断层线	D	
其他地质资料		E	

通过对收集的资料进行综合分析,获取研究区地层、构造、沉积特征和矿产等关键要素,建立研究区地层格架、构造形态地质格架。在上述资料分类处理的基础上,提取区域地质图上的等高线、地质界线、产状、岩性、断层、剖面等相关要素转换为建模软件支持的格式(文本或图片)。将钻孔柱状图中钻孔的基本信息、地层分层信息、岩性信息进行手工录入到 Excel 表格中且合并地层分层到组,形成钻孔属性数据库。对地质图要素、钻孔属性数据、物探数据及其他相关数据处理为建模软件可识别的格式并统一坐标系统,为构造解释及校正做好准备。

①工区边界:根据研究区确定研究区边界 X,Y 最大最小值及上下高程值,形成立体工区边界,一般情况下工区边界应比模型边界稍大。

②DEM:提取地质图上等高线,通过 ArcGIS 或 MapGIS 转换为国家 2000 投影坐标并转换为高程点,处理为 X,Y,Z 格式的 . prn 文本文件。

③断层线、地质界线:采用 DEM 处理同样的方式生成 X,Y,Z 格式的 . prn 文件,如断层线、地质界线无高程则通过软件投影赋值高程。

④产状、岩性、地层代号、地层厚度等信息则存储在数据库中以备调用。

⑤地质平面图:利用 MapGIS 出图功能导出 . jpg 格式转为 . bmp 格式以便建模软件中参考解释地层及断层。

⑥钻孔数据:根据收集的钻孔柱状图或记录表,整理、合并为地层分层到组的钻孔信息表。

⑦物探数据:基于收集的物探数据和其他相关数据,利用软件解释功能解释出断层、地层等关键地质要素以备建模使用。

⑧其他剖面数据：手绘剖面、路线剖面等大多以图片形式存储，需经过矢量化、投影、校正处理后，可辅助建模或校正地层深度。

对准备好的数据按照分类建立规范的文件组织结构(表 6.3)，以利于模型建立和数据查找。

表 6.3　建模数据文件组织结构

一级目录	二级目录	三级目录	四级目录	五级目录
建模图幅名称	建模源数据	地表数据	MapGIS 原始数据	矢量
			DEM	矢量
				散点
			地质界线	矢量
				散点
			地质体倾向、倾角	矢量
			断层	矢量
				散点
			断层注释	矢量
			地表地质图(.bmp/.tiff 格式图片)	
			地表遥感影像(.bmp/.img/.tiff 格式图片)	
		剖面数据	原始剖面图	图片
				矢量
				散点
			图切剖面地质界线	散点
			图切剖面断层	散点
		钻孔数据	钻孔分层数据	Excel 数据
			钻孔分层数据	文本文件
			岩性信息	Excel 数据
			岩性信息	文本文件
			钻孔三图一表	图片
		地震数据	二维地震	矢量
				散点
			三维地震	矢量
				散点
		其他数据		

6.1.3 建模过程及关键环节处理

本次建模在深探地学建模软件上实现,为更好地建立研究区三维地质模型,在软件常规建模流程的基础上,对建模过程中的关键环节,尤其是对断层褶皱的建模进行深入的研究,并提出了相应的解决方案,较好地适应了本次建模的需求。本次建模的具体过程及关键环节的处理过程如下:

1)建立工区范围和模型范围处理

模型范围是指建立模型边界范围,可以是规则范围也可以是不规则范围,或者是平面范围。工区范围是指包含模型范围的建模研究区,由 4 个角点的 X,Y,Z 坐标最大最小值围成的立体范围,工区范围是规则范围,必须先建立工区范围再建立模型范围。

建立工区范围有两种方式:一是在建模软件主界面构造模型模块的属性页输入 4 个角点的 X,Y,Z 坐标建立工区范围;二是通过导入 .shp 或者 .dat 格式的数据直接生成工区范围。建模工区的平面范围为研究区范围,但是工区顶底标高为 $-1\,000 \sim 3\,000$ m。当建立工区范围后软件自动默认工区范围为模型范围,当模型范围小于工区范围或者模型范围不规则时则需重新建立模型范围,建立模型范围可通过导入 .shp 或者 .dat 格式的数据直接生成模型范围,也可通过手工绘制模型范围,模型工区范围和模型范围如图 6.2 所示。

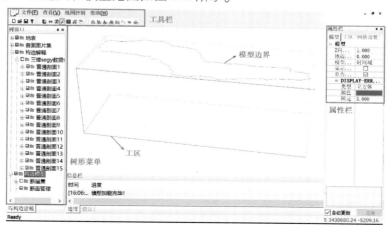

图 6.2 建立工区及模型边界界面

2)导入建模数据

模型的关键在于数据,经过数据准备步骤后的规范建模数据主要有 DEM、地表地质图数据、剖面数据和钻孔数据,导入格式为 . shp、. dat、. prn 中的一种即可,剖面数据可以为图片或前面的数据格式。地表地质图数据包含地质界限、断层和工区地表地质图图片,钻孔数据需要具有地层代号、地层厚度、岩性等信息。

在地表模块中分别导入 DEM 和地表地质数据,利用 DEM 数据生成地表精细网格面并作为地质界线和断层线的承载界面,同时该网格面也可作为切剖面的参考基准面。在构造建模块 DEM 地层面时导入 DEM 数据并生成面作为导入地质图图片的承载面,为切剖面上绘制地表地质界线和断层线倾向倾角提供依据。数据导入后的效果如图 6.3 所示。

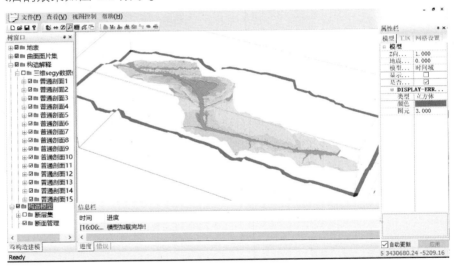

图 6.3　研究区导入数据展示(DEM、地质界线、断层、地质图等)

3)图切剖面(构造解释)

在建模范围外边界及垂直构造方向间隔 0.5 ~ 1 km 切割空白立体剖面,利用导入的 DEM、地质界线、断层线等地表地质要素,再利用产状、地层深度及其他剖面数据在构造解释模块中进行构造解释,解释数据可直接提取到构造建模模块建立构造模型,如图 6.4 所示。构造解释既是解释构造数据的重要途径,也是补充构造建模数据的不足或修正异常数据的有效手段。

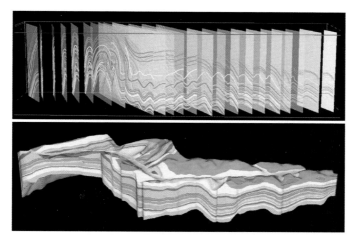

图6.4 研究区剖面解释数据建立构造模型

（1）解释断层

通过 DEM 赋值地表断层线高程，利用断层产状及已有钻孔、剖面图的约束，解释断层线并赋予断层属性，解释地层线时需切割所有地层线并超过地层线一定距离，已解释的断层线可通过人工交互编辑的方式进行调整，使解释的数据更加精准和合理，加载到构造模块后直接建立断层模型，如图6.5所示。

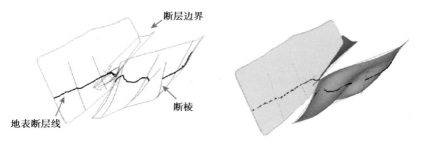

图6.5 解释断层数据建立断层面的过程

本次建模在一个工区中建立模型，该工区中断层共3条，断层解释的3条断层分别为老鼠挫逆断层、上杨柳坪正断层、白鹤坪逆断层。断层主要属性及关系见表6.4。

（2）解释地层

断层解释后，同样根据导入的 DEM、地质界线、地表地质图（包含产状）等地质要素，在切剖面上根据地层厚度解释地层线，需要注意的是解释地层线需还原整个工区的地层线。地层解释数据有两种用途：一是直接建立地层模型；二是用于修正畸变地层或补充缺失数据的地层。针对第二种情况，可直接在畸变或缺失部位，通

过人机交互的方式进行详细解释,加载到构造模块后直接用于地层建模。

表 6.4 研究区建模断层列表

序号	断层代号	断层名称	走向	倾向	倾角/(°)	上盘	下盘
1	F1	老鼠挫逆断层	NW	SW	72	T_1d^4,T_1d^3,T_1d^2,T_1d^1,P_3d,P_3w,P_2g,P_2m,P_2q,P_2l,C_2h+d,D_2y,S_1h	T_1d^4,T_1d^3,T_1d^2,T_1d^1,P_3d,P_3w,P_2g,P_2m,P_2q
2	F2	上杨柳坪正断层	SE	SW	56	T_1d^2,T_1d^1,P_3d,P_3w	T_1d^2,T_1d^1,P_3d,P_3w,P_2g,P_2m,P_2q
3	F3	白鹤坪逆断层	NW	SW	52	P_2q,P_2l,C_2h+d,D_2y,S_1h,S_1x	P_3w,P_2g,P_2m,P_2q,P_2l,C_2h+d,D_2y,S_1h,S_1x

地层解释是建模过程中的关键一步,它决定了地层的厚度、产状、走势及建模后地质体的形状,在地层解释的准备阶段需要准备好地层解释的厚度表,研究区地层解释厚度见表 6.5。

表 6.5 研究区地层解释厚度表

序号	地层代号	地层名称	厚度区间值/m
1	T_2b^2	巴东组二段	50~70
2	T_2b^1	巴东组一段	71~78.2
3	T_1j^4	嘉陵江组四段	221~385
4	T_1j^3	嘉陵江组三段	172~268.5
5	T_1j^2	嘉陵江组二段	27.1~38.8
6	T_1j^1	嘉陵江组一段	116~192
7	T_1d^4	大冶组四段	96.2~139.4
8	T_1d^3	大冶组三段	441.1~651.8
9	T_1d^2	大冶组二段	68.3~92.7
10	T_1d^1	大冶组一段	82.1~128.2
11	P_3d	大隆组	29.5

续表

序号	地层代号	地层名称	厚度区间值/m
12	P_3w	吴家坪组	134.8
13	P_2g	孤峰组	17.1
14	P_2m	茅口组	40 ~ 100
15	P_2q	栖霞组	220.7
16	P_2l	梁山组	11.1
17	C_2h	黄龙组	0 ~ 40.1
18	C_2d	大埔组	0 ~ 16.1
19	D_2y	云台观组	36.4
20	S_1h	韩家店组	267.7 ~ 273.3
21	S_1x	小河坝组	>30

（3）提取解释数据

提取断层、地层数据时,首先需要关联构造解释数据和构造模块,然后在构造模块提取解释数据。提取解释数据时对原有数据有清空或不清空两种处理方式,可根据需要进行选择。解释出地层或断层线,然后在属性栏指定断层或地层所属的断层或地层的名称,用鼠标右键双击解释好的地层线或断层线,即可将解释数据提取到构造模型,如图6.6所示。

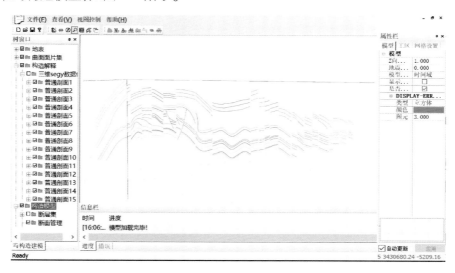

图6.6　解释断层、地层线

4）根据解释数据建模

（1）断层建模

运用地质图中断层线数据（走向、倾向、倾角等数据）、地质剖面中解释的断层数据（断棱、断层边界）共同构建断层面，并利用钻孔上的断点数据对其所属的断层面进行校正，保证生成的断层面既符合地质构造特征又与实际钻孔数据吻合，断层面及断层模型构造流程，如图6.7所示。

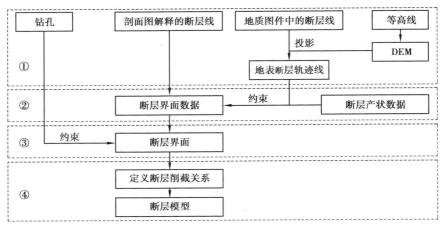

图6.7　断层面及断层模型的构建流程图

当断层在空间相交时，往往需要指定断层的削截关系，裁剪部分无效断面，得到合理的构造形态。在建模过程中，结合实际工作经验，通过解释方案判断，绝大多数情况从断层数据上即可反映削截关系，必要时可以结合地层解释方案判断。此外，也可以通过断层面积的大小进行判断。一般情况下，大断层削截小断层。如图6.8所示，黄色断层数据明显到绿色断层处截止，将削截关系定义为绿色削截黄色，也就是绿色断层为主断层，黄色断层为辅断层。

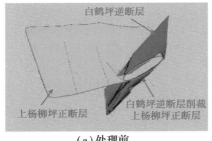
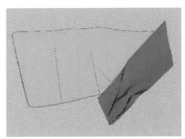

（a）处理前　　　　　　　　　　　　（b）处理后

图6.8　断层削截

定义断层削截关系是断层建模中的一个必要环节,断层削截时,尽量保证完全削截,这样会避免一些地层的异常情况。

(2)地层建模

运用地质图中的地层边界线数据,结合边界线的产状(走向、倾向、倾角等数据)、地质剖面中解释的地层数据共同构建的层面,并利用钻孔上的分层数据对其所属的地层面进行校正,保证生成的地层面既符合地质构造特征又与实际钻孔数据吻合,其流程如图6.9所示。

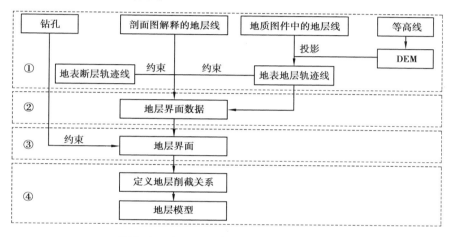

图6.9　地层面及地层模型的构建流程图

根据切剖面解释的地层线,以断层模型为约束,建立地层模型用于描述地质体界面形态和相互关系。在此基础上,生成地层,地层的生成方法有最小曲率法、岩丘圈闭法、反距离加权法和克里金法,各种方法的适用情况和特点有所不同,建模时应根据实际情况合理选择。

①最小曲率法:默认生成方法,生成速度最快,而且生成层面最平滑,在绝大多数情况下,生成的地层效果比较理想,只有当数据质量比较差时,偶尔会出现层面畸变的问题,这种情况可以选择反距离加权法。

②岩丘圈闭法:生成盐丘和火山锥等复杂不整合地层时使用。需要指出的是,该方法与岩体建模功能存在很大差别,该方法只适用于岩体数量少,相对于整个模型来说,范围和体积又非常大的情况,如整个火山模型。而岩体建模功能适用于数量多、分部散,占整个模块比重小的岩体,如侵入体模型。在岩体建模模块,每个岩体是在特定的局部工区中完成的,这些局部模型可以自动嵌入构造框架中形成一体。

③反距离加权法:该方法最简单,通过找相邻点的方式进行插值,计算速度慢,不过对数据质量的要求不高,对地层原始数据稀疏的情况适用性较好。

④克里金法:通过解克里金方程实现插值,插值结果最准确,但计算量大,计算速度慢。

本次建模过程中,采用最小曲率法建立各类复杂的多值地质体模型,如图6.10所示。

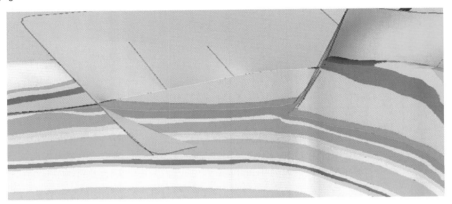

图6.10　研究区多期断层构造

(3)地层不光滑及地层穿越处理

运用离散点生成地层面时,会出现地层面不光滑的现象,如图6.11(a)所示,为了解决这一问题,我们通过对该地层面创建曲面片的方法来控制地层面的生成,然后结合离散点与曲面片的数据来生成较好的地层面,如图6.11(b)所示。

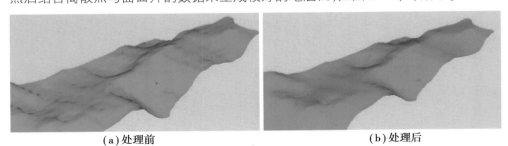

(a)处理前　　　　　　　　　　　　　(b)处理后

图6.11　地层光滑处理

由于受地形的影响,地表起伏较大且两个地层之间厚度较薄的地方可能存在地层穿层现象,如图6.12所示,针对这一问题,我们主要运用新建解释数据来控制地层面的生成,避免地层穿层。

（a）处理前　　　　　　　　　（b）处理后

图6.12　地层穿层处理

（4）地层倒转处理

由于建模区地层存在倒转构造,倒转角度较大,软件无法直接生成,且倒转附近存在 3 条断层,所以对存在该现象的地层,采取了在倒转处建多个曲面片,两条断层中间、断层两边分别建立 1 个曲面片,并且通过调节两个曲面片的边界,控制曲面片不超过断层面最后生成地层面,从而解决此问题,处理结果如图 6.13 所示。

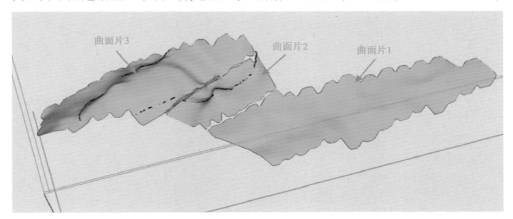

曲面片3　　　曲面片2　　　曲面片1

图6.13　地层面（曲面片）处理具有的倒转构造

（5）地层细分

实际地层由于沉积环境不同,导致地层体内部的沉积模式不同。一般情况下,可以将地层沉积模式划分为等比例、与顶等距、与底等距三大类,如图 6.14 所示。建模时应根据实际情况选择正确的沉积模式,在模型质量检查中可通过质量剖面检查沉积模式是否正确。等比例是默认的细分层生成方式,适用于整合接触的地层或平行不整合的地层;与顶等距和与底等距适用于角度不整合接触地层,与顶等距对应超覆不整合接触地层;与底等距对应尖灭不整合接触地层。在本次建模过程中,由顶底界面和边界围成的区域为一个地层体,一般情况下,地层之间的不相

· 191 ·

交,这种情况可以直接生成顶底界面之间的地层体。

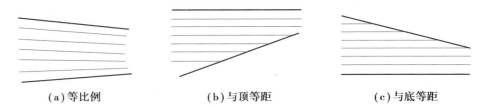

(a)等比例 (b)与顶等距 (c)与底等距

图6.14 地层沉积模式

地层体的顶底边界由沉积序列决定,地层面的沉积序列用树状栏中的排列顺序决定,如图6.15所示的沉积序列为DEM顶板→第四系顶板→蓬莱镇组顶板→遂宁组顶板→沙溪庙组顶板→新田沟组顶板→自流井组顶板→珍珠冲组顶板→须家河组顶板→巴东组顶板→嘉陵江组顶板→大冶组顶板→长兴组顶板→吴家坪组顶板→茅口组顶板→底板,即上下两个顶板构成一个地层体,茅口组顶板与底板构成沉积地层最后一层地层体。

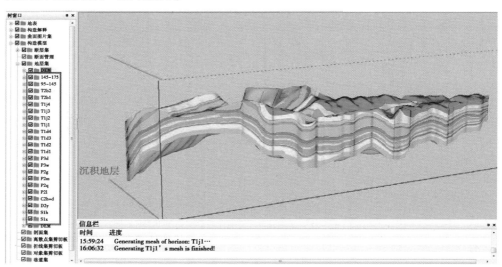

图6.15 地层沉积序列

6.1.4 模型剖面对比修改

基于原始构造剖面和地表地质界线、产状及DEM数据解释断层线和地层线后形成切剖面,根据解释数据及其他建模数据建立地质模型并对模型约束优化之后,将模型切剖面与原始构造剖面进行对比,如基本与原始构造剖面、钻孔、二/三维地震等数据吻合则完成建模,如不符合则需对建模数据进行修改完善。部分剖面如图6.16所示。

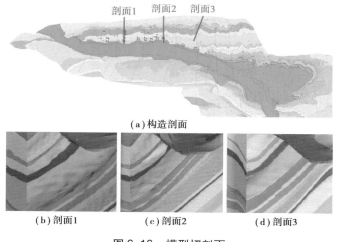

剖面1 剖面2 剖面3

(a)构造剖面

(b)剖面1   (c)剖面2   (d)剖面3

图6.16 模型切剖面

6.1.5 网格划分及效果展示

在任意指定的空间分辨率条件下,基于矩形截断网格对矢量结构模型执行空间剖分,得到精确表达结构模型边界形态的网格模型,超高的空间分辨率可能得到超大规模的网格数据。网格剖分后,根据地质体网格可存储属性数据,如网格中存储岩性、岩相、地应力、含水量、温度、饱和度、渗透率等属性数据建立属性模型,为基于模型的应用提供支持。在本次建模过程中,根据设置的网格参数在模型边界范围内生成二维平面网格,对每一个地层体按照用户需要的沉积模式和网格尺度进行纵向划分,如图6.17所示。研究区三维地质模型立体效果、叠加遥感影像效果如图6.18所示。

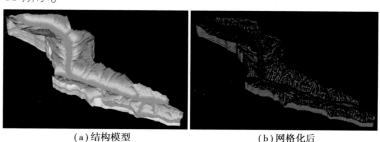

(a)结构模型   (b)网格化后

图6.17 结构模型网格化

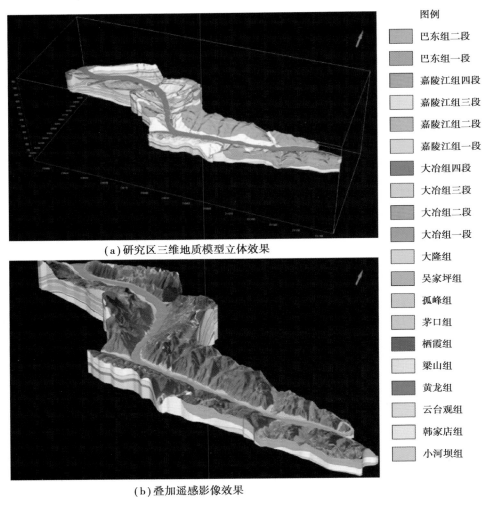

（a）研究区三维地质模型立体效果

（b）叠加遥感影像效果

图 6.18　巫峡三维地质模型立体展示

图例

巴东组二段
巴东组一段
嘉陵江组四段
嘉陵江组三段
嘉陵江组二段
嘉陵江组一段
大冶组四段
大冶组三段
大冶组二段
大冶组一段
大隆组
吴家坪组
孤峰组
茅口组
栖霞组
梁山组
黄龙组
云台观组
韩家店组
小河坝组

6.2　风险管控可视化系统开发

6.2.1　系统需求及功能设计

本系统开发的目的主要针对前期研究成果进行集成与应用，用户通过本系统的功能辅助,可以对研究区的情况进行直观展示,了解各种监测设备和传感器的位置,并对算法模型进行验证。该系统包含以下功能模块:

1)功能性需求

①地理信息呈现:本系统要实现对研究区范围内的相关地理要素和地质资料进行叠加显示。采用三维地理信息系统的方式,叠加影像图、DEM 高程模型、三维地质建模、研究区内地灾隐患点、研究区内传感设备等信息。实现常用的地理信息系统操作,如放大、缩小、平移等。

②数据查询功能:通过系统中的功能,用户可以对地质资料、地灾点进行查询,可以识别不同数据的属性信息,关联地灾点位详细资料。对三维地质模型进行剖面分析,展示不同地层的情况。

③数据更新功能:系统应具有监测设备数据更新的功能,可以通过导入表格的方式导入不同时间段的监测数据。

④数据分析功能:系统要完整实现破坏模型算法,能根据不同时间段的监测数据,能快速计算研究区的破坏概率分布图,并能对研究区内任意点位的破坏概率变化进行分析和提取。

2)非功能性需求

①性能:本系统需要快速响应用户的请求,力求渲染响应时间不超过 5 s,查询响应时间不超过 5 s,对破坏概率的计算分析不超过 20 s。

②安全性:系统应对存储的数据进行加密处理,防止数据泄漏。

③可靠性:系统应具有较好的可靠性。除不可抗力外,本系统应保障 99% 的可用性。

④易使用性:本系统应设计易于使用的功能,每个功能的操作步骤应控制在 5 步以内。

6.2.2　系统总体设计

1)技术选型

本系统为满足科研要求,应快速响应渲染和数据处理等需求,因此,本系统采用 C/S 架构,运行在高性能科研工作站上。影像图等地理信息数据资料存储在服务器上,软件通过服务调用。主要技术选型包括:

①操作系统:软件支持 Windows 7 sp1+操作系统,推荐使用 Windows 10。

②数据库:本系统业务数据库采用 Sqlite;破坏图等数据采用.tiff 格式文件存储。

③开发工具:本系统采用 Visual Studio 2019 开发。

④开发语言:本系统采用 C#开发语言。

⑤开发框架:本系统后端基于.Net 4.7,采用 WPF 技术开发。GIS 部分采用 ArcGIS Runtime SDK for WPF 框架。

2)关键技术

①MVVM:MVVM 是 Model-View-View Model(模型-视图-视图模型)的简写,这是一种设计模式,使用此模式可以将 UI 和业务逻辑分离开,使 UI 设计人员和业务逻辑人员能够分工明确。

②ETL:ETL 是 Extraction-Transformation-Loading 的缩写,其意义是数据抽取、转换和加载。ETL 负责将分布的、异构数据源中的数据(如关系数据、平面数据文件等)抽取到临时中间层后进行清洗、转换、集成,最后加载到数据仓库或数据集中,成为联机分析处理、数据挖掘的基础。

③地质三维模型分析:本项目的核心是要建设地质灾害风险预测模型,模型和地层相关,在本系统中对模型进行分割处理,把模型按照一定大小生成体元,每个体元设置相关属性,预测模型针对每个体元进行运算。

④地质灾害风险概率算法:系统中要实现根据有限的监测数据,预测出研究区范围内任意位置发生风险的概率。风险概率算法是根据不同地质特征、不同位置,结合高程、坡度、已有地灾情况等各方面的因素,计算任意位置的概率。

6.2.3　系统功能展示

1)三维地图展示

满足本系统使用人员对研究区地理环境的直观认识,本系统设置为三维地理信息系统。为了更好地体现本研究区的地理位置特征,本系统包括完整的地球模型,直接表达本项目研究区的地理特征。

系统使用全球 30 m 分辨率 DEM 数据生成高程模型,模拟地形起伏,全球模型使用 2020 年谷歌地球影像作为基础底图。系统使用 ArcGIS Runtime SDK 三维引擎,呈现立体效果。系统实现常用的地图操作,包括地图漫游、放大缩小、旋转、切换视角等。

在研究区内,系统通过更高精度的数据生成三维模型,高程数据采用 5 m 分辨率地形数据,影像图采用无人机航拍图,20 cm 分辨率、高精度的数据,不仅让研究区的三维模型更直观,同时也为本系统的预警模型提供了更好的基础数据支撑。如图 6.19 所示,更高精度的三维模型,可以反馈出道路两旁坡度的变化。

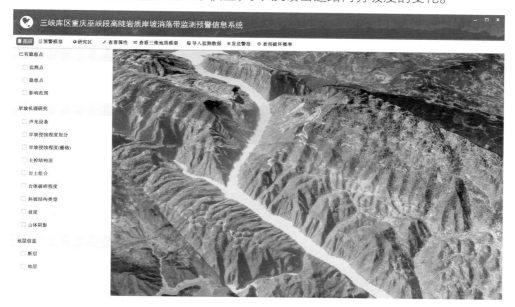

图 6.19 系统界面及三维展示功能

2)图层管理和信息查询

本系统中,集成了和研究区相关的数据,按照类型主要有地质地层类、已有灾害隐患信息、岸坡机理研究类的数据。系统中实现图层管理功能,对各图层进行组织,控制图层是否显示,展示图例。并实现信息查询功能,能查看图层上要素的详细信息。

（1）监测点信息

监测点图层是在研究区范围内已部署的监测设备位置。本项目中,预警模型的计算数据源于这些监测设备的监测数据。查看属性:通过使用选中查看属性功能,然后在地图上单击监测点,系统会将此监测点的属性信息查询出来,主要包括位置和名称信息,如图 6.20 所示。

图 6.20　监测点信息查询功能

（2）隐患点信息

隐患主要包括危岩带和滑坡两种类型,通过选中影响范围图层,在地图上具体展示不同隐患点的类型。同样,选中查看属性功能后,在地图上单击要查询的隐患点,系统将该隐患点的详细信息查询出来,包括位置、体积估算、发育地图、威胁人数等详细信息。系统包括了每个隐患点的基本情况表,通过在信息查询结果窗口中,单击附件信息的文件名,系统会打开并呈现出该隐患点的基本情况表,如图6.21 所示。

（3）岸坡特征提取及分析

①岸坡侵蚀程度:该侵蚀程度划分图层,是呈现研究区内长江两岸岸坡的侵蚀程度,包括轻微、中度、较强烈、强烈 4 种类型。系统中分别用不同颜色进行表示,除了叠加矢量的侵蚀程度图外,还叠加了栅格化的图层,在系统预警模型计算中,

这些"小格子"和体元化的三维地质模型进行关联计算,计算预警结果如图 6.22 所示。

图 6.21　隐患点特征查询功能

图 6.22　岸坡侵蚀程度展示

②主控结构面:该结构面图层展现研究区内结构面和坡向的关系。按照类型

分为三类,用不同颜色表示,即结构面交线与坡向相反、结构面交线与坡向相同且倾角大于坡向、结构面交线与坡向相同且倾角小于坡向。研究区主控结构面图层展示效果,如图6.23所示。

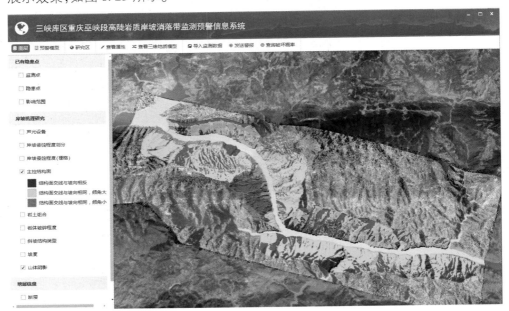

图6.23　主控结构面图层展示

③岩土组合:岩土组合图层,展现的研究区类,不同类型的土壤类型,主要包括土、较软岩、较硬岩、硬岩四大类,用不同颜色在系统中进行区分,如图6.24所示。

④岩体破碎程度:岩体破碎程度图层,在系统中展现研究区内不同位置的岩体破碎情况,包括较完整、较破碎、破碎、极破碎四大类,用不同的颜色表示。研究区岩体破碎程度查询结构,如图6.25所示。

⑤斜坡结构类型:斜坡结构类型图层,展现研究区内不同位置的坡向信息,有顺向坡、斜向坡、横向坡、逆向坡四大类,用不同的颜色进行区分。研究区斜坡结构类型查询结构,如图6.26所示。

⑥地层:系统中叠加了研究区内的地层信息,包括地层分组和断层信息等。不同的地层分组按照相关规范使用不同的颜色进行区分。单击相关地层,可对该地层的分布区域面积、岩性特征以及强度特征等进行查询。研究区地层信息查询功能,如图6.27所示。

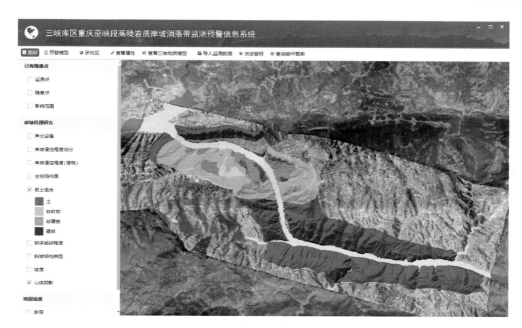

图6.24　岩土组合图层展示

图6.25　岩体破碎程度图层展示

图 6.26　研究区岩土结构类型图层展示

图 6.27　研究区地层展示

3)预警预报功能

预警预报是本系统的重要功能,该功能开发时,将前期建立的监测预警数学模型植入系统中,从而使系统自动实现基于监测数据对不同区域的危险程度进行计算。按照设计,监测点设备发回新的数据后,系统能够进行实时计算,并根据研究区所有监测点的数据情况对研究区范围内所有监测点进行模型计算,得到不同等级下的危险性区域分布图,如图6.28所示。此外,系统为研究区范围内的每个点都建立了历史破坏概率档案记录,选中查询破坏概率功能后,用鼠标单击地图上要查询的位置,系统会将该位置的所有时间破坏概率信息查询出来,并生成变化曲线图,如图6.29所示。

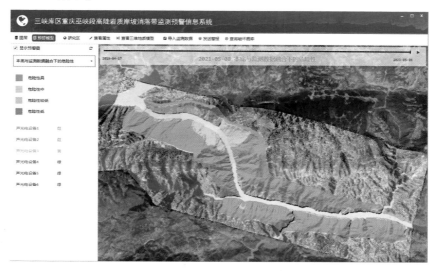

图6.28　动态危险性显示

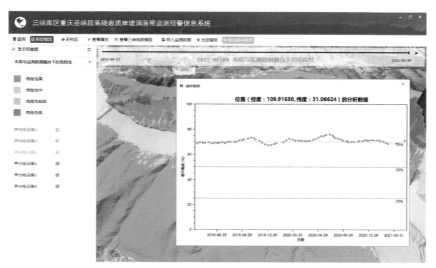

图6.29　破坏概率查询

6.3 与预警系统联动下的现场声光预警

6.3.1 现场声光预警设备

为了进一步实现现场直达式预警和风险管控,研究区开展了现场声光预警系统建设。声光预警系统是后台动态风险预警成果在示范现场的直接传达,其主要系统构成由远程数据中心和现场预警终端两部分构成。其中,远程数据中心主要依托监测预警平台,监测预警平台通过监测数据结合静态风险形成动态风险等级,并根据预先设定的预警模型生成预警信息,这些生成的预警信息通过移动通信网络被送到信息发布声光预警系统控制主机上,进行报警和显示,从而确保预警现场在第一时间获得信息。

声光预警系统采用高性能 32 位 ARM 处理器及工业级 2/3/4G 无线通信模块,能根据平台软件、采集仪等的指令控制声光报警器,实现安全监测系统的现场、远程或异地报警功能,及时通知受威胁群众或相关负责人。设备内置充电控制模块,配备高性能锂电池,可在野外长期不间断工作。

声光报警系统包括主机及声光报警器一台,如图 6.30 所示,完成与平台软件的通信和对声光报警器的控制;用户可根据需求选择不同功率的声光报警器,声光报警器开启时,发出报警音和闪光信号。

(a)控制主机　　　　　　(b)无线报警器

图 6.30　声光报警系统主要元件

声光报警设备可以自动按照周期检测设备的状态参数并将结果上报至服务器。状态参数包括工作(电池)电压、工作温度、通信模块的信号强度、设备的位置(经度、纬度)信息。设备通过 2/3/4/5G 或 NB 移动网络,接收到服务器下发的报警指令后,启动声光报警器报警。

6.3.2　现场声光预警系统建设

建设声光预警系统的目的是将平台计算得到的不同位置处的岸坡危险程度及时传达给附近居民及过往船只,因此,将预警系统安装在岸坡两岸典型灾害点附近,通过2/3/4/5G移动通信网络与服务器进行通信,接收报警指令,系统的声光信息随着报警器所在位置附近的岸坡危险程度的变化而不断变化。当接收到报警指令后,开启声光报警器进行报警,通过不同的声光信息,将不同的岸坡危险程度,通知附近居民及过往船只。

为更好地起到预警预报的目的,在巫峡峡口至神女峰一带共安装了6套声光预警系统,具体布置位置及系统现场特征如图6.31和图6.32所示。

图6.31　声光预警系统位置布置图

（a）声光报警1　　　（b）声光报警2　　　（c）声光报警3

（d）声光报警4　　　（e）声光报警5　　　（f）声光报警6

图6.32　现场声光预警设备

6.3.3 声光预警系统与岸坡风险联动的机制

现场声光预警系统是直观反映系统所在区域岸坡的危险程度,从而提醒周边居民和过往船只提高警惕,因此,声光预警系统所发出的预警信息需要与后台系统计算所得到的危险性程度直接关联,且随着岸坡危险性程度的不断变化,声光预警系统的信息也要做出相应的调整。

现场声光预警系统具有 3 种不同的颜色,包括红色、黄色和绿色,其中红色代表危险程度最高、黄色次之、绿色代表危险程度低。系统对岸坡危险程度的划分包含 4 个等级,即危险程度低(绿色)、危险程度较低(黄色)、危险程度较高(橙色)和危险程度高(红色)。为便于将计算得到的危险程度与现场声光预警系统相对应,将危险程度低和较低两种情况进行合并,统一以绿色代替。

声光预警系统的工作过程如下:在系统中,以每个声光预警系统现场所在的点为中心,每隔一定时间自动搜索周围岸坡的危险程度,搜索半径为 1.5 km,当搜索范围内岸坡危险程度为较低或低时,声光预警系统中预警灯光显示为绿色,声音报警器处于关闭状态。当搜索范围内有较高危险性区域出现时,声光预警系统中预警灯光变为黄色,声音报警器处于关闭状态。当搜索范围内有高危险性区域出现时,声光预警系统中预警灯光变为红色,声音报警器处于关闭状态;当搜索范围内存在高危险区域,同时危险性区域计算破坏概率达到 95% 时,声光预警系统中预警灯光显示为红色,同时开启声音警报,见表 6.6。

表 6.6　现场声光预警系统与岸坡危险性联动过程对应表

声光预警设备		岸坡危险程度				
		低	较低	较高	高且破坏概率<95%	高且破坏概率≥95%
灯光颜色	搜索半径	绿色		黄色	红色	红色
声音报警	1.5 km	关闭				开启

6.4　本章小结

本章主要开展了研究区岸坡地质灾害风险管控的信息化建设,完成了地上地下三维实体模型的构建,并结合前期研究成果,开发了岸坡区地质灾害可视化预警系统,建立了现场声光预警辅助系统。通过上述研究,得到的主要成果及结论如下:

①利用研究区 1∶100 00 地形资料,结合区域地质资料、钻孔资料以及高精度遥感影像资料,建立了高精度地上地下一体化三维模型,实现了模型任意地层提取、剖面切割、岩土属性查询、面积统计等功能,为后续基于模型的应用开发提供了基础平台。

②基于 GIS 平台,结合岸坡动态危险性模型,开发了研究区岸坡地质灾害风险可视化预警系统,实现了基于系统平台的区域本底信息查询与展示、灾害本底信息与监测数据融合下的动态危险性计算及区划以及灾害点破坏概率的动态查询,为三峡库区岸坡地质灾害动态风险管控提供了技术支撑。

③围绕重点研究区两岸建立了现场声光预警系统,实现了与预警系统平台的联动,将不同位置处岸坡动态危险程度直观、及时地传达至现场受威胁群众及航道过往船只,为航道风险管控提供辅助支撑。

第7章 结 论

　　本研究从峡谷岸坡地质灾害监测预警及风险管控的实际需求出发,针对高山峡谷区水库岸坡地质灾害的特点,在传统工作手段的基础上,采用"空-天-地"相结合的方法,探索构建满足高陡岩质岸坡监测预警及风险管控系统化的理论及技术体系,并通过三峡库区重庆巫峡段的应用检验,取得良好效果。其主要结论如下:

　　①从各种手段监测效果来看,研究区 InSAR、地基雷达和微地震技术均具有可行性,但也存在一定的限制,首先研究区 InSAR 监测存在较大范围的失相干区域,研究区左岸监测效果较右岸好,右岸青石以下在临近江岸区域 InSAR 监测难以取得较好的监测效果。鉴于研究区地质环境条件的复杂性,采用多种 InSAR 技术协同监测,能最大限度地克服自然条件对 InSAR 监测的影响。地基雷达可作为辅助手段对 InSAR 技术失相干区域进行面域监测,该技术在岸坡岩体反倾突出区域雷达图像出现盲区,在高温和降雨等天气下形变图像出现畸变。为最大限度地降低气象条件对地基雷达监测的影响,在研究区内地基雷达监测需要配合气象条件监测并辅以合理的气象修正模型,才能取得较好的监测效果。微地震作为一种新的地面区域实时监测手段,在陡倾岩质岸坡监测中具有较好的发展前景,但当前仍存在信号干扰去除、震源定位精度提升以及岩体破裂与坡体稳定性定量关系等方面的问题,值得进一步研究。

　　②从研究区形变规律来看,研究区长江左岸的形变主要集中在茅草坡 2 号至茅草坡 3 号滑坡中上部、独龙 1 号斜坡下部、独龙 2 号滑坡至独龙 4 号滑坡中上部,此外长江右岸干井子滑坡在监测期内处于持续变形状态。长江左岸形变与工

程防护情况及水库水位变动存在较强的相关性,经过消落区防护的区域,形变主要集中在中上部,而未经过消落区防护的区域形变主要集中在消落区附近;在水库水位下降期间岸坡形变速率增加,当水位达到正常蓄水位时,岸坡形变速率趋于平稳。

③从岸坡顶部岩体破裂过程来看,在独龙 3 号、独龙 4 号斜坡顶部岩体有零星破裂现象,其中破裂损伤程度最大的位置多集中在岩体反翘突出部位,顶部岩体裂隙发育趋势为顺岸坡走向,向坡体下部发展;当前岸坡破裂损伤程度均较低,裂隙处于孕育阶段,尚未贯通,岸坡岩体总体稳定性较好。

④从本底危险性分析结果来看,研究区在本底地质背景条件下破坏概率均较低,其中,左岸破坏概率较高的区域主要集中在龚家坊 1 号滑坡至独龙 8 号斜坡区、横石溪至猴子包一带、剪刀峰至烂泥湖以及黄草坡至鳊鱼溪一带;右岸主要有3 个破坏概率相对较大的区域,包括巫山长江大桥桥头附近,笔架山陡崖及其以下区域以及青石至湖北一带库岸临近水面的区域,总体上,在不考虑形变影响的本底地质背景条件下研究区岸坡危险性处于低至较低等次。

⑤从岸坡危险性的动态变化过程来看,龚家坊至独龙一带岸坡动态危险性从年初-年中-年末呈现先增加后减小的周期性变化趋势,在汛期 6—9 月,岸坡高危险性区域及范围最大,高危险性区域主要集中在龚家坊 3 号、茅草坡 3 号、茅草坡 4 号以及独龙 3 号、独龙 4 号、独龙 8 号滑坡附近。岸坡危险性变化与水库水位变化密切相关,在水库水位下降过程中岸坡危险程度增加,水库高水位运行期间岸坡危险性相对减小。

⑥从岸坡成灾后涌浪规模统计来看,研究区岸坡灾害发生后涌浪浪高大于 3 m 的区域范围为 3 ~ 4 km,浪高 2 ~ 3 m 的区域范围大致为 1 ~ 1.5 km;浪高 1 ~ 2 m 的范围大致为 1 ~ 1.5 km,浪高大于 1 m 的影响区域大致为 7 ~ 8 km,浪高小于 1 m 的基本对船只不构成威胁。

⑦从航道岸坡风险管控来看,龚家坊至独龙一带航道风险区域呈周期性的动态变化,其中,5—8 月,航道高风险区域长度明显增加,随着汛期结束,航道高风险区域范围明显减小。由于龚家坊 4 号滑坡附近岸坡危险性常年处于高危险性状态,因此,从巫峡入口至独龙 2 号滑坡一带的航道始终为高风险区域。

参考文献

[1] HAYNES J. Risk as an economic factor[J]. Quarterly Journal of Economics, 1895, 9(4): 409-449.

[2] CARRARA A. Multivariate models for landslide hazard evaluation[J]. Mathematical Geosciences, 1983, 15(3): 403-426.

[3] 张业成,张春山,张梁. 中国地质灾害系统层次分析与综合灾度计算[J]. 地球学报, 1993, 14(Z1): 139-154.

[4] MARIO M N,冯玉勇,罗朝晖. 利用地理信息系统(GIS)进行地质灾害和风险评估——研究方法和模型在哥伦比亚麦德林地区的应用[J]. 宝石和宝石学杂志(中英文), 1995, 12(3): 72-79.

[5] ARTESSA S S,EINSTEIN H H. A landslide risk rating system for Baguio, Philippines[J]. Engineering Geology, 2007, 91(2-4): 85-99.

[6] SCHUSTER R L,FLEMING R W. Economic losses and fatalities due to landslides [J]. Environmental and Engineering Geoscience, 1986, XXⅢ(1): 11-28.

[7] 向喜琼,黄润秋. 地质灾害风险评价与风险管理[J]. 地质灾害与环境保护, 2000, 11(1): 38-41.

[8] SERAFIM J L. Malpasset dam discussion—remembrances of failures of dams[J]. Engineering Geology, 1987, 24(1-4): 355-366.

[9] MULLER L. The rock slide in the Vajont Valley[J]. Journal of the imternational Society of rock mechnics, 1964, 2(3): 148-212.

［10］ KARL T. Mechanism of landslides［M］. New York：Application of Geology to En-gineering Practice, Sidney Paige, 1950.

［11］ STANLEY D J, KRINITZSKY E L, COMPTON J R. Mississippi River bank fail-ure, Fort Jackson, Louisiana［J］. Geological Society of America Bulletin, 1966, 77（8）：859-866.

［12］ FUJITA H. Influence of water level fluctuations in a reservoir on slope stability ［J］. Bulletin of the International Association of Engineering Geology, 1977, 16 （1）：170-173.

［13］ DUNCAN J M, WRIGHT S G, WONG K S. Slope stability during rapid drawdown ［C］. In Proceedings of the H. Bolton Seed Memorial Symposium, 1987, 2（I）：253-272.

［14］ 陈洪凯, 唐红梅. 三峡库区大型滑坡发育机理［J］. 重庆师范大学学报（自然科学版）, 2009, 26（4）：43-47.

［15］ 祁生文, 伍法权, 常中华, 等. 三峡地区奉节县城缓倾层状岸坡变形破坏模式及成因机制［J］. 岩土工程学报, 2006, 28（1）：88-91.

［16］ 刘新荣, 傅晏, 王永新, 等. 水-岩相互作用对库岸边坡稳定的影响研究［J］. 岩土力学, 2009, 30（3）：613-616, 627.

［17］ 柴波, 殷坤龙, 简文星, 等. 红层水岩作用特征及库岸失稳过程分析［J］. 中南大学学报（自然科学版）, 2009, 40（4）：1092-1098.

［18］ 梁学战. 三峡库区水位升降作用下岸坡破坏机制研究［D］. 重庆：重庆交通大学, 2013.

［19］ 殷坤龙, 张桂荣, 陈丽霞, 等. 滑坡灾害风险分析［M］. 北京：科学出版社, 2010.

［20］ 刘磊. 三峡水库万州区库岸滑坡灾害风险评价研究［D］. 武汉：中国地质大学, 2016.

［21］ 赵瑞欣. 三峡工程库水变动下堆积层滑坡成灾风险研究：以凉水井滑坡为例［D］. 北京：中国地质大学（北京）, 2016.

［22］ 周学铖, 徐争强, 胡祎, 等. 帕隆藏布绞东滑坡堵江风险评估［J］. 中国地质灾害与防治学报, 2021, 32（6）：36-40.

［23］ 李平, 黄跃飞, 于海莹, 等. 考虑滑坡堵江坝溃决影响的水库溃坝风险［J］. 水力发电学报, 2019, 38（9）：56-63.

[24] 董骁. 崩滑堵江灾害链成灾模式及风险评估研究[D]. 成都:成都理工大学, 2016.

[25] GOZALI S, HUNT B. Water waves generated by close landslides[J]. Journal of Hydraulic Research, 1989, 27(1): 49-60.

[26] 林孝松, 罗军华, 王平义, 等. 河道型水库滑坡涌浪安全评估系统设计与实现[J]. 重庆交通大学学报(自然科学版), 2019, 38(1): 55-61.

[27] 黄波林, 殷跃平, 刘广宁, 等. 三峡库区龚家坊崩滑体涌浪物理原型试验与数值模拟对比研究[J]. 岩石力学与工程学报, 2014, 33(S1): 2677-2684.

[28] 黄波林, 殷跃平. 水库区滑坡涌浪风险评估技术研究[J]. 岩石力学与工程学报, 2018, 37(3): 621-629.

[29] BARLA G, ANTOLINI F, BARLA M, et al.. Monitoring of the Beauregard landslide (Aosta Valley, Italy) using advanced and conventional techniques[J]. Engineering Geology, 2010, 116(3-4): 218-235.

[30] MIHAI M, DAN B. A deep-seated landslide dam in the Siriu Reservoir (Curvature Carpathians, Romania)[J]. Landslides, 2013, 10(3): 323-329.

[31] LU S Q, YI Q LX, YI W. The Application of Measurement Robot in Landslides Emergency Monitoring[J]. In Applied Mechanics and Materials. Trans Tech Publications Ltd. 2013, 353-356: 1245-1248.

[32] YAO L B, SUN H L, ZHU L, et al.. Development and application of deformation monitoring system for lanslide at Funchunjiang Dam[J]. Survey Review, 2014, 46(339): 444-452.

[33] JOTISANKASA A, HUNSACHAINAN N, KWANKEON, et al.. Development of a wireless landslide monitoring system[C]. International conference on Slope, Thailand 2010.

[34] 张顺斌, 陈涛, 晏萍, 等. 实时自动监测系统在库区某滑坡监测中的应用[J]. 地下空间与工程学报, 2010, 6(S2): 1714-1719.

[35] 赵信文, 彭轲, 肖尚斌, 等. 清江隔河岩库区偏山滑坡实时监测系统应用[J]. 人民长江, 2010, 41(15): 55-58.

[36] TAO Z G, ZHANG H J, ZHU C, et al.. Design and operation of App-based intelligent landslide monitoring system: the case of Three Gorges Reservoir Region[J]. Geomatics Natural Hazards, 2019, 10(1): 1209-1226.

［37］ 孙义杰. 库岸边坡多场光纤监测技术与稳定性评价研究［D］. 南京：南京大学，2015.

［38］ HOEPFFNER R, SINGER J, THURO K, et al. Development of an integral system for dam and landslide monitoring based on distributed fibre optic technology［C］. In Ensuring reservoir safety into the future：Proceedings of the 15th Conference of the British Dam Society at the University of Warwick. 10－13 September 2008. pp. 177-189.

［39］ HAN H M, SHI B, ZHANG L, et al. Error analysis and experimental research of joint fiber-optic displacement sensor based on shear lag model［J］. Measurement, 2021, 186(8)：110106.

［40］ HELMUT R, BERND S, ANDREAS S, et al. Monitoring very slow slope movements by means of SAR interferometry：A case study from a mass waste above a reservoir in the ötztal Alps, Austria［J］. Geophysical Research Letters, 1999, 26 (11)：1629-1632.

［41］ HELMUT R, CHRISTOPH M, ANDREA F. The Application of ERS SAR Interferometry for the Assessment of Hazards Related to Slope Motion and Subglacial Volcanism［J］. 2001.

［42］ YE X, KAUFMANN H, GUO X F, et al. Landslide monitoring in the Three Gorges area using D-InSAR and corner reflectors［J］. Photogrammetric Engineering, 2004, 70(10)：1167-1172.

［43］ LIAO M S, TANG J, WANG T, et al. Landslide monitoring with high-resolution SAR data in the Three Gorges region［J］. Science china earth sciences, 2012, 55 (4)：590-601.

［44］ MARTIN F, DARID C, ANTONIO A, et al. Use of targets to track 3D displacements in highly vegetated areas affected by landslides［J］. Landslides. 2016, 13 (4)：821-831.

［45］ ARBANAS S M, SEČANJ M, GAZIBARA S B, et al. Identification and Mapping of the Valići Lake Landslide (Primorsko-Goranska County, Croatia)［C］. 2nd Regional Symposium on Landslides in the Adriatic- Balkan Region, 2015.

［46］ YE R Q, NIU R Q, ZHAO Y N, et al. Integration of LIDAR data and geological maps for landslide hazard assessment in the three gorges reservoir area, China

［C］//2020 18th International Conference on Geoinformatics. Beijing China. IEEE, 2010：1-5.

［47］刘圣伟，郭大海，陈伟涛，等．机载激光雷达技术在长江三峡工程库区滑坡灾害调查和监测中的应用研究［J］．中国地质，2012，39（2）：507-517.

［48］徐奴文，李彪，戴峰，等．深埋地下洞室微震监测系统构建与工程应用［C］//第十二届海峡两岸隧道与地下工程学术与技术研讨会论文集．峨眉山，2013：406-409.

［49］徐奴文，唐春安，周钟，等．基于三维数值模拟和微震监测的水工岩质边坡稳定性分析［J］．岩石力学与工程学报，2013，32（7）：1373-1381.

［50］XU N W，DAI F，LIANG Z Z，et al. . The dynamic evaluation of rock slope stability considering the effects of microseismic damage［J］. Rock Mechanics and Rock Engineering，2014，47（2）：621-642.

［51］毛浩宇，张敏，蒋若辰，等．基于微震信号多重分形特征的岩石边坡变形预警研究［J］．岩石力学与工程学报，2020，39（3）：560-571.

［52］LI A，XU N W，DAI F，et al. . Stability Analysis and Failure Evolution of Large-Scale Underground Caverns in Layered Rock Masses From Microseismic Monitoring［C］. 51st US Rock Mechanics/Geomechanics Symposium，2017.

［53］GAO Y T，CHA J F，WU S C，et al. . The research of slope instability mechanism based on microseismic moment tensor inversion［C］. Ttansit Development in Rock Mechanics. 3rd ISRM Young Scholars Symposium on Rock Mechanics，2014.

［54］李玉生．长江三峡工程库区大型滑坡崩塌［R］．四川省地矿局南江水文队、湖北省地矿局水文队，1990.

［55］官泽鸿．长江三峡工程库岸典型和大型崩塌滑坡形成条件破坏机制及稳定性研究［R］．四川省地质矿产局南江水文地质工程地质队，1991.

［56］何潇，王建力，陈洪凯，等．长江巫峡河谷地质灾害主要特征与演化研究［J］．西南大学学报（自然科学版），2014，36（10）：130-136.

［57］刘广宁，黄波林，王世昌．三峡库区巫峡口——独龙高陡岸坡变形破坏机理研究［J］．长江科学院院报，2015，32（2）：92-97.

［58］顾东明．三峡库区软弱基座型碳酸盐岩反倾高边坡变形演化机制研究［D］．重庆：重庆大学，2018.

［59］刘新荣，景瑞，缪露莉，等．巫山段消落带岸坡库岸再造模式及典型案例分析

［J］. 岩石力学与工程学报，2020，39（7）：1321-1332.

［60］ 陈小婷，黄波林，李滨，等. 三峡水库碳酸盐岩区岩溶作用与斜坡破坏［J］. 中国岩溶，2020，39（4）：567-576.

［61］ 黄波林，殷跃平，张枝华，等. 三峡工程库区岩溶岸坡消落带岩体劣化特征研究［J］. 岩石力学与工程学报，2019，38（9）：1786-1796.

［62］ 殷跃平，黄波林，李滨，等. 三峡库区消落带溶蚀岩体劣化指标研究［J］. 地质学报，2021，95（8）：2590-2600.

［63］ DONOHO D L，JOHNSTONE J M. Ideal spatial adaptation by wavelet shrinkage ［J］. Biometrika，1994，81（3）：425-455.

［64］ 戴峰，姜鹏，徐奴文，等. 蓄水期坝肩岩质边坡微震活动性及其时频特性研究 ［J］. 岩土力学，2016，37（S1）：359-370.

［65］ 刘兴宗，唐春安，李连崇，等. 基于渐进微震损伤效应的蓄水期库岸稳定性分析［J］. 人民长江，2019，50（3）：151-155.

［66］ 李俊平，余志雄，周创兵，等. 水力耦合下岩石的声发射特征试验研究［J］. 岩石力学与工程学报，2006，25（3）：492-498.

［67］ HE M C，MIAO J L，FENG J L. Rock burst process of limestone and its acoustic emission characteristics under true-triaxial unloading conditions［J］. International Journal of Rock Mechanics Mining Sciences，2010，47（2）：286-298.

［68］ LI J L，ZHANG H J，KULELI H S，et al. . Focal mechanism determination using high-frequency waveform matching and its application to small magnitude induced earthquakes［J］. Geophysical Journal International，2011，184（3）：1261-1274.

［69］ 谢和平，鞠杨，黎立云. 基于能量耗散与释放原理的岩石强度与整体破坏准则［J］. 岩石力学与工程学报，2005，24（17）：3003-3010.

［70］ 许强，曾裕平，钱江澎，等. 一种改进的切线角及对应的滑坡预警判据［J］. 地质通报，2009，28（4）：501-505.

［71］ 王世昌，黄波林，刘广宁，等. 龚家坊4号斜坡涌浪数值模拟分析［J］. 岩土力学，2015，36（1）：212-218.

［72］ 刘希林. 泥石流风险评价中若干问题的探讨［J］. 山地学报，2000，18（4）：341-345.

［73］ 许强. 对滑坡监测预警相关问题的认识与思考［J］. 工程地质学报，2020，28（2）：360-374.